轨道交通装备制造业职业技能鉴定指导丛书

防 腐 蚀 工

中国中车股份有限公司　编写

中国铁道出版社

２０１６年·北京

图书在版编目(CIP)数据

防腐蚀工/中国中车股份有限公司编写 . —北京：
中国铁道出版社,2016.2
(轨道交通装备制造业职业技能鉴定指导丛书)
ISBN 978-7-113-21080-9

Ⅰ.①防… Ⅱ.①中… Ⅲ.①防腐－职业技能－鉴定－
自学参考资料 Ⅳ.①TB304

中国版本图书馆 CIP 数据核字(2015)第 278713 号

轨道交通装备制造业职业技能鉴定指导丛书

书　名：　　　　防 腐 蚀 工
作　者：中国中车股份有限公司

策　　划：江新锡　钱士明　徐　艳
责任编辑：陈小刚　　　　　　　　编辑部电话：010-51873193
封面设计：郑春鹏
责任校对：马　丽
责任印制：陆　宁　高春晓

出版发行：中国铁道出版社(100054,北京市西城区右安门西街 8 号)
网　　址：http://www.tdpress.com
印　　刷：北京海淀五色花印刷厂
版　　次：2016 年 2 月第 1 版　2016 年 2 月第 1 次印刷
开　　本：787 mm×1 092 mm　1/16　印张：8　字数：192 千
书　　号：ISBN 978-7-113-21080-9
定　　价：26.00 元

序

在党中央、国务院的正确决策和大力支持下,中国高铁事业迅猛发展。中国已成为全球高铁技术最全、集成能力最强、运营里程最长、运行速度最高的国家。高铁已成为中国外交的金牌名片,成为高端装备"走出去"的大国重器。

中国中车作为高铁事业的积极参与者和主要推动者,在大力推动产品、技术创新的同时,始终站在人才队伍建设的重要战略高度,把高技能人才作为创新资源的重要组成部分,不断加大培养力度。广大技术工人立足本职岗位,用自己的聪明才智,为中国高铁事业的创新、发展做出了杰出贡献,被李克强同志亲切地赞誉为"中国第一代高铁工人"。如今在这支近 9.2 万人的队伍中,持证率已超过96%,高技能人才占比已超过 59%,有 6 人荣获"中华技能大奖",有 50 人荣获国务院"政府特殊津贴",有 90 人荣获"全国技术能手"称号。

高技能人才队伍的发展,得益于国家的政策环境,得益于企业的发展,也得益于扎实的基础工作。自 2002 年起,中国中车作为国家首批职业技能鉴定试点企业,积极开展工作,编制鉴定教材,在构建企业技能人才评价体系、推动企业高技能人才队伍建设方面取得明显成效。

中国中车承载着振兴国家高端装备制造业的重大使命,承载着中国高铁走向世界的光荣梦想,承载着中国轨道交通装备行业的百年积淀。为适应中国高端装备制造技术的加速发展,推进国家职业技能鉴定工作的不断深入,中国中车组织修订、开发了覆盖所有职业(工种)的新教材。在这次教材修订、开发中,编者基于对多年鉴定工作规律的认识,提出了"核心技能要素"等概念,创造性地开发了《职业技能鉴定技能操作考核框架》。试用表明,该《框架》作为技能人才综合素质评价的新标尺,填补了以往鉴定实操考试中缺乏命题水平评估标准的空白,很好地统一了不同鉴定机构的鉴定标准,大大提高了职业技能鉴定的公平性和公信力,具有广泛的适用性。

　　相信《轨道交通装备制造业职业技能鉴定指导丛书》的出版发行，对于推动高技能人才队伍的建设，对于企业贯彻落实国家创新驱动发展战略，成为"中国制造2025"的积极参与者、大力推动者和创新排头兵，对于构建由我国主导的全球轨道交通装备产业新格局，必将发挥积极的作用。

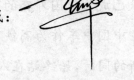

中国中车股份有限公司总裁：

二〇一五年十二月二十八日

前　　言

　　鉴定教材是职业技能鉴定工作的重要基础。2002 年,经原劳动保障部批准,原中国南车和中国北车成为国家职业技能鉴定首批试点中央企业,开始全面开展职业技能鉴定工作。2003 年,根据《国家职业标准》要求,并结合自身实际,我们组织开发了《职业技能鉴定指导丛书》,共涉及车工等 52 个职业(工种)的初、中、高 3 个等级。多年来,这些教材为不断提升技能人才素质、满足企业转型升级的需要发挥了重要作用。

　　随着企业的快速发展和国家职业技能鉴定工作的不断深入,特别是以高速动车组为代表的世界一流产品制造技术的快步发展,现有的职业技能鉴定教材在内容、标准等诸多方面,已明显不适应企业构建新型技能人才评价体系的要求。为此,公司决定修订、开发《轨道交通装备制造业职业技能鉴定指导丛书》。

　　本《丛书》的修订、开发,始终围绕打造世界一流企业的目标,努力遵循"执行国家标准与体现企业实际需要相结合、继承和发展相结合、质量第一、岗位个性服从于职业共性"四项工作原则,以提高中国中车技术工人队伍整体素质为目的,以主要和关键技术职业为重点,依据《国家职业标准》对知识、技能的各项要求,力求通过自主开发、借鉴吸收、创新发展,进一步推动企业职业技能鉴定教材建设,确保职业技能鉴定工作更好地满足企业发展对高技能人才队伍建设工作的迫切需要。

　　本《丛书》修订、开发中,认真总结和梳理了过去 12 年企业鉴定工作的经验以及对鉴定工作规律的认识,本着"紧密结合企业工作实际,完整贯彻落实《国家职业标准》,切实提高职业技能鉴定工作质量"的基本理念,以"核心技能要素"为切入点,探索、开发出了中国中车《职业技能鉴定技能操作考核框架》;对于暂无《国家职业标准》、又无相关行业职业标准的 38 个职业,按照国家有关《技术规程》开发了《中国中车职业标准》。自 2014 年以来近两年的试用表明:该《框架》既完整反映了《国家职业标准》对理论和技能两方面的要求,又适应了企业生产和技术工人队伍建设的需要,突破了以往技能鉴定实作考核缺乏水平评估标准的"瓶颈",统一了不同产品、不同技术含量企业的鉴定标准,提高了鉴定考核的技术含量,提高了职业技能鉴定工作质量和管理水平,保证了职业技能鉴定的公平性和公信力,已经成为职业技能鉴定工作、进而成为生产操作者综合技术素质评价的新标尺。

　　本《丛书》共涉及 99 个职业（工种），覆盖了中国中车开展职业技能鉴定的绝大部分职业（工种）。《丛书》中每一职业（工种）又分为初、中、高 3 个技能等级，并按职业技能鉴定理论、技能考试的内容和形式编写。其中：理论知识部分包括知识要求练习题与答案；技能操作部分包括《技能考核框架》和《样题与分析》。本《丛书》按职业（工种）分册，已按计划出版了第一批 75 个职业（工种）。本次计划出版第二批 24 个职业（工种）。

　　本《丛书》在修订、开发中，仍侧重于相关理论知识和技能要求的应知应会，若要更全面、系统地掌握《国家职业标准》规定的理论与技能要求，还可参考其他相关教材。

　　本《丛书》在修订、开发中得到了所属企业各级领导、技术专家、技能专家和培训、鉴定工作人员的大力支持；人力资源和社会保障部职业能力建设司和职业技能鉴定中心、中国铁道出版社等有关部门也给予了热情关怀和帮助，我们在此一并表示衷心感谢。

　　本《丛书》之《防腐蚀工》由原长春轨道客车股份有限公司《防腐蚀工》项目组编写。主编张国玉，副主编李峰、白莎莎；主审孟洪军，副主审刘志新；参编人员初翠、张新龙、贾淑红。

　　由于时间及水平所限，本《丛书》难免有错、漏之处，敬请读者批评指正。

中国中车职业技能鉴定教材修订、开发编审委员会

二〇一五年十二月三十日

目　　录

目 录

防腐蚀工(职业道德)习题

一、填空题

1. 认真学习邓小平理论,( )正确的世界观、人生观、价值观。
2. 热爱企业,把爱党、爱国、爱企业、爱岗有机( )。
3. 自觉做到身在企业、情系企业、奉献企业与企业( )。
4. 对于我们赖于生存的企业,应该做到( )。
5. 树立干一行,爱一行,钻一行,精一行的良好( ),尽最大努力履行自己的职责。
6. 树立精工出精品,精品出效益的意识,从零件的生产到产品的组装,每个产品都要做到精工细作,( )。
7. 养成良好的( )习惯。

二、单项选择题

1. 停留在纪律阶段的职业道德规范,无论从事人员怎么尽职地去遵循它,终究是外在于从业人员的"异己"力量,只有从业人员将职业道德规范内化为自己道德行为,职业道德规范才是( )。
　(A)全面的　　　　　(B)完整的　　　　　(C)完全的　　　　　(D)完美的
2. 生产企业的劳动生产者要努力学习,钻研业务。钻研业务就是对自己从事的工作刻苦钻研,不断提高自己的专业技能,成为精通业务的( )。
　(A)能手　　　　　(B)行家里手　　　　　(C)全面人才　　　　　(D)能工巧匠
3. 企业的生产者直接从事着把物资投入化为产品的劳动,对投入产出效益负有直接的责任。这就要求生产者发扬增产节约、艰苦奋斗的精神,为提高企业( )贡献力量。
　(A)生产能力　　　　　(B)产品质量　　　　　(C)生产效益　　　　　(D)生产水平
4. 忠于职守,努力工作,全心全意为人民服务,这是三层意思互相联系、紧密结合、浑然一体的。在职业道德实践中,必须把它当作统一的原则( )加以贯彻。
　(A)完整地　　　　　(B)全面地　　　　　(C)完全地　　　　　(D)认真地
5. 社会主义职业道德,对于培养"四有"职工队伍起着( )作用。
　(A)决定性　　　　　(B)主导性　　　　　(C)重要性　　　　　(D)指导性
6. 企业生产者必须明白,国家的富强取决于企业的兴旺发达,企业的兴旺发达需要全体职工忠于岗位,( )。
　(A)恪尽职守　　　　　(B)尽职尽责　　　　　(C)尽心尽力　　　　　(D)认真负责
7. 增产节约,反对浪费,努力工作,提高效率,是企业生产者必须遵守的职业道德( )。
　(A)规定　　　　　(B)素质　　　　　(C)范围　　　　　(D)规范
8. 在职业行为的道德评价中,必须坚持动机与效果的辩证统一,才能对职业行为的善恶做出正确的(　　)。

　　(A)道德评定　　　　(B)道德决定　　　　(C)道德评价　　　　(D)道德定论

　　9. 作为一名普通劳动者,爱国应从一点一滴做起,爱国应从爱厂做起,爱厂应从做好本职工作、忠于(　　)做起。

　　(A)自身岗位　　　　(B)自身职业　　　　(C)自身工作　　　　(D)本职工作

　　10. 在建立和完善社会驻义市场经济体制的条件下,广大职工群众不仅是物资财富的创造者,而且也是社会主义职业道德的初中主体,他们的工作态度、劳动热情及其职业行为都同他们的切身利益有着(　　)的关系。

　　(A)直接　　　　(B)重要　　　　(C)密切　　　　(D)不可分离

　　11. 社会主义职业道德是社会主义精神文明建设的一个重要内容,它对于纠正各种职业活动中的不正之风,改善整个社会风气起着重要的(　　)。

　　(A)影响作用　　　　(B)激励作用　　　　(C)推进作用　　　　(D)推动作用

　　12. 有效降低生产成本,提高投入产出效益比,为社会产出更多的物资财富,是企业生产者(　　)的职责。

　　(A)义不容辞　　　　(B)责无旁贷　　　　(C)不可推卸　　　　(D)理所应当

　　13. 全心全意为人民服务是社会主义职业道德的最高(　　)。

　　(A)标准　　　　(B)指南　　　　(C)职责　　　　(D)准则

　　14. 随着现代社会分工发展和专业化程度的增强,市场竞争日趋激烈,整个社会对从业人员职业观念、职业态度、职业(　　)、职业纪律和职业作风的要求越来越高。

　　(A)技能　　　　(B)规范　　　　(C)技术　　　　(D)道德

　　15. 做一个称职的劳动者,必须遵守(　　)。

　　(A)职业规范　　　　(B)职业道德　　　　(C)职业态度　　　　(D)职业观念

　　16. 遵守纪律、执行制度、严格程序、规范操作是(　　)。

　　(A)职业纪律　　　　(B)职业态度　　　　(C)职业技能　　　　(D)职业作风

　　17. 爱岗敬业是(　　)。

　　(A)职业修养　　　　(B)职业态度　　　　(C)职业纪律　　　　(D)职业作风

　　18. 清正廉洁,克己奉公,不以权谋私、行贿受贿是(　　)。

　　(A)职业态度　　　　(B)职业修养　　　　(C)职业纪律　　　　(D)职业作风

三、多项选择题

　　1. 爱岗敬业的具体要求是(　　)。

　　(A)树立职业理想　　　　(B)强化职业责任　　　　(C)提高职业技能　　　　(D)抓住择业机遇

　　2. 下面关于"文明礼貌"的说法正确的是(　　)。

　　(A)是职业道德的重要规范

　　(B)是商业、服务业职工必须遵循的道德规范,与其他职业没有关系

　　(C)是企业形象的重要内容

　　(D)只在自己的工作岗位上讲,其他场合不用讲

　　3. 在企业生产经营活动中,员工之间团结互助的要求包括(　　)。

　　(A)讲究合作,避免竞争　　　　　　　　(B)平等交流,平等对话

(C)既合作,又竞争,竞争与合作相统一　　　　(D)互相学习,共同提高

4. 职工个体形象和企业整体形象的关系是(　　　)。

(A)企业的整体形象是由职工的个体形象组成的

(B)个体形象是整体形象的一部分

(C)职工个体形象与企业整体形象没有关系

(D)没有个体形象就没有整体形象

(E)整体形象要靠个体形象来维护

5. 在职业活动中,要做到公正公平就必须(　　　)。

(A)按原则办事　　　　(B)不徇私情

(C)坚持按劳分配　　　　(D)不惧权势,不计个人得失

6. 职业道德的价值在于(　　　)。

(A)有利于企业提高产品和服务的质量

(B)可以降低成本、提高劳动生产率和经济效益

(C)有利于协调职工之间及职工与领导之间的关系

(D)有利于企业树立良好形象,创造著名品牌

7. 老陈是企业的老职工,始终坚持节俭办事的原则。有些年轻人看不惯他这样做,认为他的做法与市场经济原则不符。在你看来,节俭的重要价值在于(　　　)。

(A)节俭是安邦定国的法宝　　　　(B)节俭是诚实守信的基础

(C)节俭是持家之本　　　　(D)节俭是维持人类生存的必需

8. 要做到平等尊重,需要处理好(　　　)之间的关系。

(A)上下级　　　　(B)同事

(C)师徒　　　　(D)从业人员与服务对象

9. 职业纪律具有的特点是(　　　)。

(A)明确的规定性　　　　(B)一定的强制性

(C)一定的弹性　　　　(D)一定的自我约束性

10. 关于勤劳节俭的正确说法是(　　　)。

(A)消费可以拉动需求,促进经济发展,因此提倡节俭是不合时宜的

(B)勤劳节俭是物质匮乏时代的产物,不符合现代企业精神

(C)勤劳可以提高效率,节俭可以降低成本

(D)勤劳节俭有利于可持续发展

11. 下列说法中,符合"语言规范"具体要求的是(　　　)。

(A)多说俏皮话　　　　(B)用尊称,不用忌语

(C)语速要快,节省客人时间　　　　(D)不乱幽默,以免客人误解

12. 职业道德主要通过(　　　)的关系,增强企业的凝聚力。

(A)协调企业职工间　　　　(B)调节领导与职工

(C)协调职工与企业　　　　(D)调节企业与市场

13. 维护企业信誉必须做到(　　　)。

(A)树立产品质量意识　　　　(B)重视服务质量,树立服务意识

(C)保守企业一切秘密　　　　(D)妥善处理顾客对企业的投诉

14. 文明职工的基本要求是( )。

(A)模范遵守国家法律和各项纪律

(B)努力学习科学技术知识,在业务上精益求精

(C)顾客是上帝,对顾客应唯命是从

(D)对态度蛮横的顾客要以其人之道还治其人之身

15. 职业道德活动中,不符合"仪表端庄"具体要求的是( )。

(A)着装华贵   (B)鞋袜搭配合理   (C)饰品俏丽   (D)发型突出个性

16. 下面关于以德治国与依法治国的关系的说法中不正确是( )。

(A)依法治国比以德治国更为重要

(B)以德治国比依法治国更为重要

(C)德治是目的,法治是手段

(D)以德治国与依法治国是相辅相成,相互促进

17. 下列关于爱岗敬业的说法中,你认为不正确的是( )。

(A)市场经济鼓励人才流动,再提倡爱岗敬业已不合时宜

(B)即便在市场经济时代,也要提倡"干一行、爱一行、专一行"

(C)要做到爱岗敬业就应一辈子在岗位上无私奉献

(D)在现实中,我们不得不承认,"爱岗敬业"的观念阻碍了人们的择业自由

18. 下列说法正确的是( )。

(A)职业道德也是社会主义道德体系的重要组成部分

(B)职业道德建设是公民道德建设的落脚点之一

(C)加强职业道德建设,坚决纠正利用职权谋取私利的行业不正之风,是各行各业兴旺发达的保证

(D)如果全社会职业道德水准普遍低下,市场经济就难以发展

19. 下列说法正确的是( )。

(A)企业员工要熟知本岗位安全职责和安全操作规程

(B)企业员工要积极开展质量攻关活动,提高产品质量和用户满意度,避免质量事故发生

(C)广义的质量,则除了产品质量之外,还包括工作质量

(D)"安全第一,预防为主"是我国的安全生产方针

20. 创新对企事业和个人发展的作用表现在以( )。

(A)对个人发展无关紧要   (B)是企事业持续、健康发展的巨大动力

(C)是企事业竞争取胜的重要手段   (D)是个人事业获得成功的关键因素

四、判 断 题

1. 勤俭节约是劳动者的美德。( )

2. 企业职工应自觉执行本企业的定额管理,严格控制成本支出。( )

3. 提高生产效率,无需要掌握安全常识。( )

4. 企业的投资计划,经营策略,产品开发项目不是秘密。( )

5. 企业的利益就是职工的利益。( )

6. 职工是国家的主人,也是企业的主人。( )

7. 干一行,爱一行,钻一行,精一行是企业职工良好的职业道德。(　　)

8. 铺张浪费与定额管理无关。(　　)

9. 在工作中我不伤害他人就是有职业道德。(　　)

10. 本职业与企业兴衰、国家振兴毫无联系。(　　)

11. 社会主义职业道德的基本原则是用来指导和约束人们的职业行为的,需要通过具体明确的规范来体现。(　　)

12. 树立"忠于职守,热爱劳动"的敬业意识,是国家对每个从业人员的起码要求。(　　)

13. 每一名劳动者,都应坚决反对玩忽职守的渎职行为。(　　)

14. 掌握必要的职业技能,是完成工作的基本手段。(　　)

15. 每一名劳动者,都应提倡公平竞争,形成相互促进、积极向上的人际关系。(　　)

16. 职业道德与职业纪律有密切联系,两者相互促进,相辅相成。(　　)

17. 为人民服务是社会主义的基本职业道德的核心。(　　)

18. 社会主义职业道德的基本原理是国家利益、集体利益、个人利益相结合的集体主义。(　　)

防腐蚀工(职业道德)答案

一、填 空 题

1. 树立　　　　2. 融为一体　　　　3. 精诚合作　　　4. 尽心,尽力,尽职,尽责
5. 职业道德　　6. 精打细算,精益求精　　7. 勤俭节约

二、单项选择题

1. B　　2. B　　3. C　　4. A　　5. B　　6. A　　7. D　　8. C　　9. A
10. C　　11. D　　12. B　　13. D　　14. A　　15. B　　16. A　　17. B　　18. B

三、多项选择题

1. ABC　　2. AC　　3. BCD　　4. ABDE　　5. ABD　　6. ABCD　　7. ACD
8. ABCD　　9. AB　　10. CD　　11. BD　　12. ABC　　13. ABD　　14. AB
15. ACD　　16. ABC　　17. ACD　　18. ABCD　　19. ABCD　　20. BCD

四、判 断 题

1. √　　2. √　　3. ×　　4. ×　　5. √　　6. √　　7. √　　8. ×　　9. ×
10. ×　　11. √　　12. √　　13. √　　14. √　　15. √　　16. √　　17. √　　18. √

防腐蚀工(初级工)习题

一、填 空 题

1. 涂装过程中挥发大量的溶剂蒸气,遇明火易(　　　)。

2. 除锈方法有(　　　)。

3. 抛丸(砂)除锈具有提高产品质量、节约用电、(　　　)、提高生产效率等优点。

4. 化学除锈(酸洗)除锈过程必须(　　　)进行。

5. 碱性乳化脱脂有喷射法和(　　　)两种方法。

6. 去除动、植物油污,使用(　　　)效果较好。

7. 有色金属产品及有色金属与非金属压合的制件,使用(　　　)脱脂最合适。

8. 当溶液中的其他条件一定时,影响碱液脱脂效果的主要因素是(　　　)、温度和碱液的搅拌作用。

9. 去除铝及铝合金表面的油污,通常可采用(　　　)或盐和水。

10. 塑料脱脂的方法和(　　　)类似,可用碱性水溶液脱脂或用表面活性剂溶液及溶剂脱脂。

11. 耐溶剂较差的塑料,需用(　　　)或中性洗涤剂脱脂。

12. 金属表面的锈蚀产物主要是(　　　),它们能与酸起反应生成盐。

13. 金属表面的除锈方法,有机械法、(　　　)、电解除锈法等几种。

14. 机械除锈法通常有手工除锈和(　　　)、喷丸、抛丸等几种。

15. 化学除锈法通常有(　　　)、电解、电极等几种。

16. 电解除锈可分为两类,一类是将除锈的工件作为(　　　),还有一类是将除锈的工件作为阴极。

17. 酸洗除锈常用的硫酸和盐酸是(　　　)酸,而醋酸、酒石酸和柠檬酸是有机酸。

18. 用水稀释浓硫酸液的程序是(　　　)。

19. 经热溶液处理的工件,取出后应先用(　　　),再用冷水冲洗。

20. 磷化处理的目的是提高工件的(　　　)和增强涂料的附着力。

21. 磷化膜与(　　　)和涂料有较高的结合力,可视为金属的涂装防护层。

22. 磷化液中的促进剂有两类,一类是(　　　),另一类是金属离子。

23. 铜盐是磷化反应中常用的(　　　)应用较多的有碳酸铜和硝酸铜。

24. 磷化后处理包括水洗、钝化、(　　　)等过程,其中钝化最为重要。

25. 在一个槽液中(　　　)进行脱脂、除锈、磷化、钝化等数道工序的方法叫综合处理法。

26. 检验磷化膜的耐蚀性,应与(　　　)结合在一起进行。

27. 常用的磷化膜耐蚀性检测方法有(　　　)法。

28. 非铁材料是指铝、铜、锌、镁镉及其合金等(　　　),以及非金属的塑料、木材、纤维等。

29. 非铁材料的（　　）各异,要针对涂装目的与质量要求选择相适应的表面预处理方法。

30. 镁合金工件可采用（　　）、电化学氧化后涂装涂料等方法进行防护和表面装饰。

31. 铜及铜合金采用（　　）、钝化、氧化处理后,可提高其耐蚀能力。

32. 钛及钛合金的（　　）,可明显地改善涂层的附着性。

33. 铝及铝合金的酸洗处理也称为（　　）。

34. 在金属表面进行抛光处理的方法,有（　　）、化学抛光和电解抛光。

35. 铝及铝合金的化学氧化方法,可分为（　　）氧化和酸性溶液氧化两大类。

36. 铝及铝合金的阳极氧化有硫酸阳极氧化、（　　）阳极氧化、草酸阳极氧化及厚层阳极氧化和瓷质阳极氧化等。

37. 有色金属工件在氧化处理后,还要进行（　　）处理,以提高氧化膜的防护性和绝缘性。

38. 镁合金氧化膜的质量检查内容包括（　　）检查、槽液检查和氧化膜质量检查。

39. 塑料件表面化学处理的常用方法是（　　）、硫酸混合液法。

40. 除化学处理外,还可用来改善塑料件的表面处理状况,以提高涂料附着力的方法有（　　）和碱处理、偶联剂处理、气体处理、单体处理、等离子处理及物理、紫外线辐射、离子攻击、火焰、热风等。

41. 涂料涂装的方法除刷涂、浸涂、淋涂、滚涂和喷涂等一般方法外,还有静电喷涂、高压无气喷涂、（　　）、电泳涂装等较先进的工艺方法。

42. 在选择涂装方法时,通常要考虑涂层配套的多层性,即（　　）、中间层、面层的复合涂装方法。

43. 材质不同,涂料与材质的（　　）不同。

44. 涂料的干燥方法有（　　）干燥和烘烤干燥两大类。

45. 表示（　　）干燥程度的有表干和实干两种。

46. 腻子刀适用于填补刮涂平面（　　）,同时也适用于在腻子盘中调制搅拌腻子。

47. 牛角刮刀的规格有（　　）、38 mm、50 mm 和 75 mm 等多种。

48. 涂料使用最佳温度范围是（　　）,否则应进行加温或降温。

49. 常用的空气喷枪的结构型式有（　　）和压下式喷枪两类。

50. 被涂物表面应该是光滑平整,并具有一定的（　　）,无油污、无锈蚀、无缺陷。

51. 电泳有（　　）和阳极电泳两种类型。

52. 排笔刷是常用的（　　）工具之一。

53. 喷涂使用的压缩空气中的水分和油污,必须采用（　　）清除。

54. 常用的滚涂法有（　　）滚涂和自动滚涂两种。

55. 粉末涂料有（　　）粉末涂料和热固性粉末涂料两大类。

56. 涂料除了具有保护产品的作用外还有（　　）、标志和特殊作用。

57. 油水分离器应定期作（　　）处理。

58. 淋涂使用的主要设备是一个装有过滤网的（　　）。

59. 各种浸涂施工方法都要求备有（　　）。

60. 离心浸涂法适用于形状（　　）小零件的涂装。

61. 机械滚涂法的主要设备是（　　）。

62. 刷涂法常用的主要工具有（　　）、漆桶以及过滤器等。

63. 刮具有（　　）刮具和软刮具两种。

64. 砂纸有（　　）砂纸和耐水砂纸两种。

65. 涂刮腻子的目的是,消除各种物体和零件表面的（　　）。

66. 涂刮腻子的方式,一般可分为（　　）、补刮和软硬交替涂刮等几种。

67. 按着被涂工件的精细程度要求,打磨一般可分为（　　）打磨和湿打磨两种。

68. 化学除锈在工厂里习惯称之为（　　）。

69. 工件经表面处理后,第一道工序就是涂装（　　）。

70. 常用的底漆可分为保养底漆、一般底漆和（　　）底漆。

71. 工件经涂底漆、刮腻子、打磨修平后,再涂装（　　）。

72. 涂料涂装后,经过物理与化学变化而变成固态涂膜的过程称为（　　）。

73. 人造浮石根据砂粒的大小,可分为粗粒、中粒、细粒和（　　）四级。

74. 涂料制造时,虽经过设计筛选配方、选用质量优良的原材料,采取先进工艺和设备生产,但仍会因配料（　　）、配料方法不当,或配制过程中混入有害物质,以及生产工艺和实施不利等项原因,而造成涂料病态。

75. 涂料开桶后,发现黏度太稠或太稀,如不是贮存期造成,则是制造中（　　）不当,溶剂加入过少或过多等原因造成的。

76. 涂膜外观未达到预期光泽、无亮度,呈暗淡无光现象,称为（　　）。

77. 涂料库房应有足够的面积和容积,保持良好的环境条件,贮存保管温度范围为（　　）。

78. 涂料入库和发放要本着（　　）的顺序,避免贮存过期。

79. 每批新涂料入厂,保管人员都应提供样品给化验室进行（　　）验收。

80. 浅色涂料,应该是色彩单一的（　　）状,尤其是清漆,若出现浑浊则是缺陷。

81. 在涂覆和干燥过程中,涂膜中产生许多小孔的现象称为（　　）。

82. 干燥后的涂膜表面,若呈现出微小的圆珠状小泡,并一经碰压即破裂,这种现象称为（　　）。

83. 涂料在喷涂时雾化不好,而成丝状使涂膜成丝状膜,称为（　　）。

84. 干燥后的电泳涂膜表面,呈现厚薄不均匀的阴暗面,这种现象称为（　　）。

85. 涂料经干燥成膜后,表面外观透青,露出底材颜色,漆膜明显太薄称为（　　）。

86. 涂膜在阳光照耀下变成忽绿、忽紫状的颜色,称为（　　）。

87. 为了防止涂料在贮存中发生沉淀,应定期将涂料桶（　　）或倒置。

88. 复色颜料中由于颜料的密度不同,密度大的颜料（　　）,轻的上浮。

89. 光滑的工件涂装时,若没有经过（　　）处理,则会影响其涂膜的附着力。

90. 若在涂层太厚或底漆未完全干燥时,即行涂装面漆,会造成表干里湿,就有（　　）现象。

91. 在旧漆膜上涂布新漆时易产生（　　）。

92. 按涂料的干燥机理分类,可分为（　　）干燥和化学性干燥两大类。

93. 工件在涂装一二天后,涂膜表面出现失光状态,甚至形成一层白霜,这种现象称为（　　）。

94. 我国涂料发展到 20 世纪 80 年代已有（   ）大类、1 000 多个品种,在选用时要根据产品涂装对涂料性能的要求进行合理地选择。

95. 底漆是涂料配套施工中的重要涂层,选择时,要求选用的底漆对产品表面有很强的（   ）和与上层涂料良好的结合力。

96. 中间层涂料是用于（   ）之间的涂料,它在涂装中具有承上启下的作用。

97. 产品涂装必须遵循底层、中间层和面层涂料间的（   ）原则。

98. 过滤是涂料（   ）过程中必不可少的工序。

99. 两层以上的多涂层涂装,涂料的调配要从（   ）开始,并按先用先调、后用后调的方法依次进行。

100. 光是一种（   ）,可见光波的波长在 400～700 μm 之间。

101. 机械法脱脂有擦拭法、（   ）、燃烧法等方法。

102. 有机溶剂脱脂时,避免有机溶剂与皮肤接触,以免引起皮肤脱脂而燥裂。若必须接触,应（   ）。

103. 化学脱脂方法是利用热碱性溶液的（   ）作用来除去具有皂化性的油脂。

104. 碱液脱脂时影响脱脂效果的工艺因素有碱液浓度、脱脂温度、机械作用、（   ）。

105. 涂装预处理是（   ）过程中重要的一道工序,它关系到涂层的附着力、装饰性和使用寿命。

106. 用不燃性有机溶剂脱脂的方法有（   ）、浸洗、蒸汽和喷洗等几种。

107. 采用化学脱脂的有（   ）、喷射法和滚筒法等多种。

108. 油漆是由树脂、油料、（   ）、溶剂、辅助材料五大材料组成。

109. 油漆中加入溶剂是（   ）和稀释油漆中的成膜物。

110. 按溶剂的品种分类:甲醇、乙醇、丙三醇是属于（   ）类,按溶剂的品种分类松节油是属于萜烯类溶剂。

111. 金属腐蚀的种类很多,根据腐蚀过程中的特点,可分为（   ）和电化学腐蚀两大类。

112. 前处理废水中有害物质是（   ）、碱、金属盐和重金属离子等物。

113. 磷化膜除了单独用作金属的防腐覆盖层以外,还常作为涂料的（   ）,以提高涂层的使用寿命。

114. 金属钝化又称（   ）。

115. 喷丸除锈工作结束后,全室通风的风机继续开动（   ）分钟,使喷丸车间的含尘气体排净。

116. 只要了解金属在电解液中的电极电位,即可知道该金属是（   ）金属还是惰性金属,就可进一步了解它是否易遭受腐蚀。

117. 涂装前表面除锈以"三酸"即（   ）、硝酸、盐酸为主要组分配制的处理液,腐蚀性和毒性极强。

118. 含碱或含酸废水常用（   ）法加以治理排放。

119. 车间空气中的甲苯与二甲苯的浓度都不应超过（   ）mg/m³。

120. 涂料施工场所必须配备有足够数量的（   ）、砂箱及其他灭火工具,每个涂料施工人员都必须能熟练地使用。

121. 认真学习邓小平理论,（   ）正确的世界观、人生观、价值观。

122. 热爱企业,把爱党、爱国、爱企业、爱岗有机(　　)。

123. 自觉做到身在企业、情系企业、奉献企业与企业(　　)。

124. 对于我们赖于生存的企业,应该做到(　　)。

125. 树立干一行,爱一行,钻一行,精一行的良好(　　),尽最大努力履行自己的职责。

126. 树立精工出精品,精品出效益的意识,从零件的生产到产品的组装,每个产品都要做到精工细作,(　　)。

127. 养成良好的(　　)习惯。

128. 车间设计时(　　)预留安全通道。

129. 涂装材料管理是生产时非常(　　)的环节。

130. 进厂(　　)是把住质量关的第一道工序。

131. 涂装车间密封是防止(　　)进入。

132. 喷漆车间的(　　)是用来排出漆雾的。

133. 我国对环境保护非常重视,1986 年颁布了《中华人民共和国(　　)法》,其中对涂装三废排放标准作了明文规定。

134. 电泳涂漆的过程有(　　),电泳,电沉积,电渗。

135. 用途最广泛的表面活性剂是(　　),也是水剂金属清洗剂的主料。

136. 班组经济责任制包括(　　),经济责任制,岗位责任制三大责任制。

137. 磷化膜厚度与磷化液的(　　)和工艺要求有很大的关系。

138. 远红外加热的原理是(　　)。

139. 电化学脱脂有(　　)、阳极脱脂和联合脱脂三种方法。

140. 电子束辐射干燥类涂料须含有(　　)引发剂。

141. 静电喷涂时,除有机械雾化外,还有(　　)雾化。

142. 国内的电泳超滤技术,其关键在于(　　)的性能,与国外相比尚有差距。

143. 在自然界中大多数金属常以矿石形式即金属化合物的形式存在,而腐蚀则是一种使金属回复到(　　)的过程。

144. 电化学腐蚀指金属与(　　)因发生化学作用而产生的破坏。

145. 对腐蚀起作用的环境因素有介质、(　　)、流速、压力。

146. 不同金属在同一电解质中互相接触所发生的腐蚀称为(　　)。

147. 根据腐蚀电池中电极大小的不同,可分为宏观电池与(　　)两大类型。

148. 消除或减弱阳极和阴极的极化作用的电极过程称为(　　)。

149. (　　)是将被保护金属与外加直流电源的负极相连,在金属表面通入足够的阴极电流,使金属电位变负,从而使金属的溶解速度变小的一种保护方法。

150. 用"三钠"即(　　)、碳酸钠和磷酸三钠配制的碱性脱脂剂,脱脂后的冲洗废水具有腐蚀性,必须经处理后排放。

151. 含碱废水的治理除(　　)法外,还有一种处理质量较高的方法是化学凝聚法。

152. 工业废水排放浓度规定中,对工业废水划分为两类。其中第(　　)类废水含有对人体健康将会产生长远影响的有害物质,故不得用稀释方法代替必要的废水处理。

153. 含碳量在 20% 以下的碳合金称为(　　)。

154. 一般化学除锈液含有氯化钠 4%～5%,硫脲 0.3%～0.5%,(　　)18%～20%

制成。

155. 铁路客、货车常用防锈底漆是(　　)。

156. 矿物油、氧化煤油、煤油是属于(　　)。

157. CH_3CH_2-OH 是(　　)。

158. 表示中性溶液的 pH 值是(　　)。

159. (　　)化学分子式是硫酸。

160. (　　)化学分子式是烧碱。

161. (　　)符号是表示化学纯的试剂。

162. 溶剂的沸点在 100～145℃是(　　)溶剂。

163. 对金属锌涂装时底漆应选择(　　)。

164. 全世界每年因腐蚀而损失的钢铁高达钢铁年产量的(　　)。

165. 对有色金属腐蚀危害最严重的气体是(　　)。

二、单项选择题

1. (　　)溶剂的飞散,对施工者的身体健康危害甚大。
   (A)苯类　　　　　(B)无机类　　　　　(C)酚类　　　　　(D)醇类

2. 铁路客、货车抛(喷)丸除锈是用(　　)等。
   (A)石英砂　　　　(B)铸铁丸、钢丸　　(C)白刚玉　　　　(D)棕刚玉

3. 铁路客、货车辆钢结构,长期处于潮湿及水的条件下,就会(　　)。
   (A)钝化　　　　　(B)防腐蚀　　　　　(C)腐蚀　　　　　(D)亮化

4. 碱性乳化脱脂有喷射法和(　　)两种方法。
   (A)手工处理法　　(B)打磨　　　　　(C)擦洗　　　　　(D)浸渍法

5. 常用体质颜料大白粉的化学分子式是(　　)。
   (A)NaOH　　　　(B)C_2H_5OH　　　(C)$CaCO_3$　　　(D)HCl

6. (　　)处理的金属材质表面不能涂装油漆。
   (A)未经表面　　　(B)经抛丸　　　　(C)经喷砂　　　　(D)经氧化

7. 铝及铝合金工件涂刷底漆是(　　)。
   (A)铁红防锈底漆　　　　　　　　　(B)铁红环氧磁底漆
   (C)锌黄环氧酯底漆　　　　　　　　(D)磁化铁酚醛底漆

8. (　　)是代表硬座车的车型。
   (A)RW　　　　　(B)YZ　　　　　　(C)CRH　　　　　(D)QK

9. (　　)是电泳涂装的主要反应过程。
   (A)氧化　　　　　(B)电沉积　　　　(C)还原　　　　　(D)分解

10. 一般化学除锈液含有氯化钠 4%～5%,硫脲 0.3%～0.5%,(　　)18%～20%。
    (A)硫酸　　　　　(B)碳酸　　　　　(C)水　　　　　　(D)盐酸

11. 客车对漆膜附着力要求达到(　　)级。
    (A)0　　　　　　(B)2～3　　　　　(C)1～2　　　　　(D)无要求

12. 软硬座车的车型标记是(　　)。
    (A)YZ　　　　　(B)YW　　　　　　(C)RZ　　　　　　(D)RYZ

13. 客车表面漆要着色颜料的细度为( )微米。

(A)10～20 (B)30～40 (C)50～60 (D)60～80

14. 有性能良好油漆,适宜涂装条件,影响漆膜质量的因素是( )。

(A)操作技术水平 (B)表面处理

(C)已涂装过的底漆 (D)温度

15. ( )是从钢质部件上清除锈蚀的最佳方法。

(A)化学方法 (B)电泳方法 (C)涂装方法 (D)机械方法

16. 生成钝化层的金属易产生( )。

(A)面腐蚀 (B)点腐蚀 (C)防腐蚀层 (D)磷化膜

17. 酚醛清漆的干燥成膜性质是属于( )。

(A)氧聚合型 (B)醇分解型 (C)酯分解型 (D)氢聚合型

18. 表示酸性溶液的 pH 值是( )。

(A)pH<7 (B)pH=7 (C)pH>7 (D)pH=0

19. ( )化学分子式是盐酸。

(A)H_2SO_4 (B)HCl (C)HNO_3 (D)H_2S

20. ( )化学分子式是活碱。

(A)$Ca(OH)_2$ (B)NaOH (C)$Mg(OH)_2$ (D)$Fe(OH)_2$

21. ( )符号是表示化学纯的试剂。

(A)GR (B)AR (C)LK (D)CP

22. 溶剂的沸点在 100～145℃是( )溶剂。

(A)低沸点 (B)中沸点 (C)高沸点 (D)强

23. 铁路客车管道手阀柄涂的油漆颜色表示排气阀( )。

(A)黄色 (B)蓝色 (C)半黄半蓝 (D)白色

24. 油漆中的主要成膜物是( )。

(A)油料 (B)稀释剂 (C)成膜溶质 (D)固化剂

25. 油性漆是以( )作为主要成分。

(A)油料 (B)固化剂 (C)稀释剂 (D)水

26. 涂装前的( )好坏,决定涂装的成败。

(A)抛光 (B)表面处理 (C)尺寸标准 (D)包装

27. 油漆类别代号( ),是环氧树脂类油漆。

(A)"F" (B)"E" (C)"D" (D)"H"

28. 目前国内大力推广应用水剂清洗剂的脱脂剂是由于( )。

(A)环保 (B)高效 (C)成本低 (D)快捷

29. 海洋大气中的( )对金属构件有催化腐蚀的作用。

(A)氢离子 (B)氧离子 (C)氮离子 (D)镁离子

30. 矿物油在一定条件下与碱形成( )。

(A)皂化液 (B)乳化液 (C)胶体溶液 (D)透明液

31. 常用脱漆剂主要含有二氯甲烷和( )的两种类型。

(A)酯 (B)醇 (C)苯 (D)酸

32. 氨基烘漆需要经过( )才能成膜固化。

(A)打磨　　　　　(B)烘烤　　　　　(C)风吹　　　　　(D)抛光

33. 防腐性能最好的油漆是( )。

(A)酚醛树脂漆类　(B)水性漆类　　　(C)聚氨酯漆类　　(D)环氧树脂漆类

34. 通过改变压缩空气的压力,来改变被喷砂工件表面粗糙度是( )喷砂的特点。

(A)雾化　　　　　(B)水-气喷砂　　　(C)水　　　　　　(D)干式

35. 机、客、货车内外表面抛丸(喷丸)处理是为了( )。

(A)抛光　　　　　　　　　　　　　　(B)氧化

(C)清除锈垢、旧漆皮　　　　　　　　(D)美观

36. 用( )开启油漆桶或金属制溶剂桶时,易产生静电火花而引起火灾或爆炸。

(A)木棒　　　　　(B)铁器敲击　　　(C)专用工具　　　(D)塑料棒敲击

37. ( )是涂装生产全过程的技术指导性文件。

(A)安全生产指南　(B)涂装工艺　　　(C)设备操作手册　(D)物料明细

38. 磷化膜的厚度一般控制在( )的范围内。

(A)$0.05\sim0.15\ \mu m$　(B)$0.5\sim1.5\ \mu m$　(C)$5\sim15\ \mu m$　(D)$50\sim150\ \mu m$

39. 漆膜的实际干燥过程,都需要一定的干燥温度和( )。

(A)光泽度　　　　(B)粗糙度　　　　(C)干燥时间　　　(D)漆膜厚度

40. 形成铁、锰或锌系磷化膜的槽液成分是磷酸锰、( )。

(A)磷酸锌　　　　(B)硫酸锌　　　　(C)磷酸钙　　　　(D)锰或锌

41. 形成锌和铁系磷化膜的槽液成分是( )和磷酸锌。

(A)磷酸铁　　　　(B)磷酸锰　　　　(C)磷酸钙　　　　(D)磷酸钡

42. 亚硝酸钠和( )可作为钢铁工件发蓝处理时的氧化剂。

(A)硝酸钠　　　　(B)氢氧化钠　　　(C)氯化钠　　　　(D)碳酸钠

43. 高纯铝-镁合金的电化学抛光液是由磷酸和( )组成的。

(A)铬酐　　　　　(B)硝酸　　　　　(C)盐酸　　　　　(D)醋酸

44. 在磷酸盐-铬酸盐氧化处理液中,磷酸盐最适合的含量是( )mL/L。

(A)$0.5\sim0.6$　　(B)$5\sim6$　　　　(C)$50\sim60$　　　(D)$8\sim10$

45. 忠于职守,努力工作,全心全意为人民服务,这是三层意思互相联系、紧密结合,浑然一体的。在职业道德实践中,必须把它当作统一的原则( )加以贯彻。

(A)完整地　　　　(B)全面地　　　　(C)完全地　　　　(D)认真地

46. 用碳酸钠、( )和铬酸钠,按一定比例配制成的碱性氧化液,可用于铝及铝合金工件的化学氧化处理。

(A)氯化钠　　　　(B)苛性钠　　　　(C)氟化钠　　　　(D)硝酸钠

47. 用铬酐、氟化钠和( ),按一定比例配成的溶液,可以进行铝及铝合金工件的铬酸盐氧化处理。

(A)碳酸钠　　　　(B)氢氧化钠　　　(C)重铬酸钠　　　(D)硝酸钠

48. 镁合金工件在由重铬酸钾、铬酐、硫酸氨和醋酸组成的溶液中进行化学氧化处理时,所得到的氧化膜呈现( )色。

(A)金黄色到深棕色　　　　　　　　　(B)草黄色

　　(C)深灰色　　　　　　　　　　　　(D)蓝色

49. 镁合金工件在由硫酸钠和(　　)组成的溶液中进行化学氧化处理时,所得到的氧化膜呈现深褐色到黑色。

　　(A)醋酸　　　　(B)硫酸铵　　　　(C)重铬酸钠　　　　(D)铬酐

50. 氢氧化铵或(　　)可调整钛及钛合金工件阳极化溶液的 pH 值。

　　(A)硝酸　　　　(B)磷酸三钠　　　　(C)硫酸　　　　(D)磷酸

51. 用重铬酸钠和(　　),按一定比例配制的溶液,可以退除瓷质阳极氧化膜。

　　(A)磷酸　　　　(B)硫酸　　　　(C)草酸　　　　(D)硝酸

52. 产品涂装前的表面状态应该具有(　　)表面。

　　(A)无锈蚀、无油污但相当粗糙的　　　　(B)非常光滑的

　　(C)一定的平整度和允许的粗糙度　　　　(D)脏污的

53. 未经清理干净的工件表面(　　)磷化。

　　(A)不能　　　　(B)难以　　　　(C)可以　　　　(D)容易

54. 社会主义职业道德,对于培养"四有"职工队伍起着(　　)作用。

　　(A)决定性　　　　(B)主导性　　　　(C)重要性　　　　(D)指导性

55. 适用于不锈钢工件涂装的底漆是(　　)。

　　(A)铁红醇酸底漆　　　　　　　　(B)磁化铁酚醛底漆

　　(C)铁红环氧底漆　　　　　　　　(D)锌黄环氧底漆

56. 防锈底漆应当涂刷在(　　)表面上。

　　(A)涂刮了腻子的　　　　　　　　(B)涂刷过的中涂漆

　　(C)涂刷过的面漆　　　　　　　　(D)前处理过的干净金属

57. 剥离腐蚀是(　　)腐蚀的特殊形式。

　　(A)表面　　　　(B)晶间　　　　(C)点状　　　　(D)丝状

58. 在用肥皂水清洗塑料表面之前为什么要用清水清洗?(　　)

　　(A)防止龟裂　　　　　　　　　　(B)防止划伤

　　(C)清除滑油及油脂　　　　　　　(D)防止塑料变软

59. (　　)腐蚀构件外观可能没有明显变化。

　　(A)表面　　　　(B)摩振　　　　(C)丝状　　　　(D)晶间

60. 下面四种说法中,(　　)说法正确。

　　(A)在合金钢构件上使用铝合金柳钉,合金钢构件易产生电偶腐蚀

　　(B)两种金属之间电位差越大,两者相接触时,电位低的金属越容易腐蚀

　　(C)在合金钢构件上使用铝合金铆钉铆接,会形成大阳极小阴极现象

　　(D)在铝合金构件上使用合金钢紧固件,会形成大阴极小阳极现象

61. 下面四种说法中,(　　)说法正确。

　　(A)工业大气中的 SO_2 对金属构件没有腐蚀变化

　　(B)海洋大气中的氧离子对金属构件有催化腐蚀的作用

　　(C)海洋大气中的氧离子含量与距海洋的距离无关

　　(D)飞机在高空飞行时,机身内部不会形成冷凝水

62. 企业生产都必须明白,国家的富强取决于企业的兴旺发达,企业的兴旺发达需要全体

职工忠于岗位,(　　)。

(A)恪尽职守　　　　(B)尽职尽责　　　　(C)尽心尽力　　　　(D)认真负责

63. 如果某一阳极化处理的表面在维护工作中被破坏,可用(　　)方法进行不完全的修理。

(A)使用金属抛光　　　　　　　　　　(B)进行化学表面处理

(C)让某些抑制剂完全渗透　　　　　　(D)使用适当的中性清洗剂

64. 铝合金零件产生晶界腐蚀的原因是(　　)。

(A)热处理不当　　　　　　　　　　　(B)不通金属相接触

(C)装配不当　　　　　　　　　　　　(D)铬酸锌底漆未干就涂了面漆

65. 在铝合金结构部件内发生在晶界腐蚀(　　)。

(A)不会在经过处理的铝板材所制成的部件中出现

(B)可以通过在金属表面发生的白色粉末状堆积物来判断

(C)一般不会在有包铝的零件中出现

(D)不可能总是有表面的征兆来判定

66. 镁合金零件清除腐蚀的正确方法是使用(　　)。

(A)钢丝刷　　　　(B)金刚砂纸　　　　(C)铝丝球　　　　(D)硬鬃毛刷

67. "阿罗丁"药品是怎样涂到铝合金表面上的?(　　)

(A)与包铝工序同时操作　　　　　　　(B)作为制造加工工序的一个部分

(C)浸涂　　　　　　　　　　　　　　(D)作为上底漆层工序的一个部分

68. 下列哪一类金属的腐蚀物为白色或灰色粉末?(　　)

(A)铜及其合金　　　(B)铝及其合金　　　(C)钛及其合金　　　(D)镍及其合金

69. 由于不同金属的接触而形成的电化腐蚀可采取什么方式来预防?(　　)

(A)在两个表面之间夹一层无松孔的绝缘材料

(B)在两个表面之间夹一层胶纸带

(C)在两个表面上各涂一薄层铬酸锌底漆层

(D)将它们很好搭接而不需要采取特殊的预防措施

70. 没有在所要求的时间内对铝合金零件淬火,可能会导致(　　)。

(A)铝材变得更脆　　　　　　　　　　(B)难以做表面涂漆的准备

(C)包铝层黏结不牢　　　　　　　　　(D)零件抗腐蚀能力变差

71. 如果埋头铆钉的铆钉头周围有顺气流方向流向后面的腐蚀痕迹,是(　　)造成的。

(A)氧化腐蚀　　　(B)表面腐蚀　　　(C)微振磨损腐蚀　　　(D)应力腐蚀

72. 增产节约,反对浪费,努力工作,提高效率,是企业生产者必须遵守的职业道德(　　)。

(A)规定　　　　(B)素质　　　　(C)范围　　　　(D)规范

73. 应力腐蚀容易发生在(　　)。

(A)受拉应力的纯金属中　　　　　　　(B)受拉应力作用的铝合金中

(C)受压应力作用的纯金属中　　　　　(D)受压应力作用的铝合金件中

74. 当轮胎上有润滑油时应采取(　　)措施以防止轮胎过早老化。

(A)用干布擦拭轮胎,然后用压缩空气吹干

(B)用干布擦拭轮胎,然后用肥皂水清洗干净

(C)用某种石油制成的溶剂清洗轮胎再用压缩空气吹干

(D)用酒精或清漆稀释剂清洗轮胎以中和润滑油的作用

75. 镍-镉电瓶的液体溅在飞机蒙皮上,应该(　　)。

(A)立即用硫酸或盐酸溶液中和,并用水彻底清洗

(B)立即用硼酸或醋酸溶液中和,并用水彻底清洗

(C)立即用碳酸氢钠溶液中和,并用水彻底清洗

(D)立即用水清洗,并用压缩空气吹干

76. 铅-酸电瓶的电液溅到飞机蒙皮上,应该(　　)。

(A)立即用碳酸氢钠进行中和,然后用水冲洗

(B)立即用氢氧化钠进行中和,然后用水冲洗

(C)立即用氢氧化钾进行中和,然后用水冲洗

(D)立即用水冲洗,并用压缩空气吹干

77. 电化学腐蚀过程中(　　)。

(A)有自由电子流动

(B)电流沿线路从电位低的金属流向电位高的金属

(C)电位高的阳极被腐蚀

(D)电位低的阴极被腐蚀

78. 下列说法中错误的是(　　)。

(A)化学腐蚀是金属与环境介质直接发生化学反应而产生的腐蚀

(B)化学腐蚀过程中有电流产生

(C)高温会加速化学腐蚀

(D)如果腐蚀产物很致密,能形成保护膜,减慢腐蚀速度,甚至使腐蚀停止下来

79. 在职业行为的道德评价中,必须坚持动机与效果的辩证统一,才能对职业行为的善恶做出正确的(　　)。

(A)道德评定　　　　(B)道德决定　　　　(C)道德评价　　　　(D)道德定论

80. 金属产生缝隙腐蚀的缝隙宽度通常为(　　)。

(A)0.1~1.00 mm　　　　　　　　　　(B)0.025~0.100 mm

(C)1.0~2.0 mm　　　　　　　　　　(D)2.0~3.0 mm

81. 在给拆下的发动机上的气缸进行最后的防腐金属喷漆涂之后,至关重要的是不能转动螺旋桨,这是由于(　　)。

(A)因为连杆有可能由于液锁而损坏

(B)因为发动机可能着火和导致人员伤害

(C)因为金属熔浆会被过度地稀释

(D)因为会损坏金属熔浆形成的防腐涂层

82. 温度高,辐射线强对漆膜的干燥越(　　)。

(A)好　　　　　　(B)不好　　　　　　(C)时好时坏　　　　　　(D)无影响

83. 发动机包皮和起落架舱的油污最好用(　　)。

(A)1∶3的稀释溶剂型清洗液清洗　　　　(B)1∶2的稀释溶剂型清洗剂加煤油清洗

(C)1：2的乳化清洗剂清洗　　　　　　　　(D)合成洗涤剂清洗

84. 下列方法中,不能在铝合金表面形成氧化膜的是(　　　)。
(A)阳极化法形成　　　　　　　　　　　　(B)涂"阿罗丁"的方法形成
(C)制作包铝层方法形成　　　　　　　　　(D)用帕科药水浸涂

85. 从钢质部件上清除锈蚀的最佳方法是(　　　)。
(A)机械方法　　　　　(B)电气方法　　　　　(C)化学方法　　　　　(D)清洗方法

86. 清洁用的氢氧化物制品残留在铝制结构上对结构的影响是(　　　)。
(A)使材料变脆　　　　(B)使材料强化　　　　(C)腐蚀　　　　(D)氧化

87. 下列说法正确的是(　　　)。
(A)生成钝化层的金属易产生点腐蚀
(B)易生成氧化膜或钝化层的金属容易产生缝隙腐蚀
(C)缝隙越宽越容易产生缝隙腐蚀
(D)产生缝隙腐蚀,不需要缝隙中存在腐蚀介质

88. 为防止镁合金与其他金属的接触面出现腐蚀,应该(　　　)。
(A)在镁合金部件表面上涂一层铬酸锌底层,并在两部件间放一层皮革垫片
(B)在镁合金部件上镀一层与它所要接触部件材料相同的金属
(C)两个接触表面均涂铝涂层
(D)两个接触表面上均涂两层铬酸锌底漆,并在两个接触面间放一层压敏绝缘带

89. 燃油箱底部容易发生(　　　)。
(A)晶间腐蚀　　　　(B)点状腐蚀　　　　(C)微生物腐蚀　　　　(D)丝状腐蚀

90. 下列化学式的写法正确的是(　　　)。
(A)氧化钙(CaO)　　　　　　　　　　　　(B)二氧化硫(CO_2)
(C)五氧化二磷(S_2O_5)　　　　　　　　　(D)氧化亚铁(Fe_2O_3)

91. 溶剂的高沸点是在(　　　)之间。
(A)150～250℃　　　　　　　　　　　　　(B)80～120℃
(C)600～700℃　　　　　　　　　　　　　(D)300～350℃

92. 下列论点不正确的是(　　　)。
(A)用5052铝合金铆钉铆接镁合金板将不发生电化腐蚀
(B)用钢板直接铆在裸露的铝合金板上铝合金板会腐蚀
(C)1100铆钉可用于非结构件铆接
(D)用2024铝合金铆钉铆接镁合金板将不会发生电化腐蚀

93. 材料成分差异很大的金属合金不应该直接接触,这是因为(　　　)。
(A)可能产生静电荷从而干扰无线电设备信号接收
(B)它们膨胀系数不同
(C)它们抗拉强度不一样
(D)容易在接触面上发生电化腐蚀

94. 涂漆前必须彻底清除腐蚀产物,这是因为(　　　)。
(A)腐蚀产物的体积小于基体金属的体积
(B)腐蚀产物的存在会使漆膜浑浊

(C)腐蚀产物是多孔盐类,吸潮性强,起加速腐蚀的作用

(D)腐蚀产物能阻止阿罗丁在铝合金表面生成氧化膜

95. 飞机结构的腐蚀按严重程度可分为三级,是根据(　　)确定腐蚀等级物。

(A)腐蚀产物清除后,材料厚度减少量　　　(B)腐蚀面积的大小

(C)A与B的综合考虑结果　　　(D)腐蚀深度

96. 在建立和完善社会主义市场经济体制的条件下,广大职工群众不仅是物资财富的创造者,而且也是社会主义职业道德的主体,他们的工作态度、劳动热情及其职业行为都同他们的切身利益有着(　　)的关系。

(A)直接　　　(B)重要　　　(C)密切　　　(D)不可分离

97. 镀镉的钢零件,当镀层局部破坏后,(　　)。

(A)裸露的钢零件为阴极、镀镉层为阳极,镀层被腐蚀

(B)裸露的钢零件为阳极、镀镉层为阴极,镀层被腐蚀

(C)裸露的钢零件为阴极、镀镉层为阳极,钢零件被腐蚀

(D)裸露的钢零件为阳极、镀镉层为阴极,钢零件被腐蚀

98. 化学清洗时,在搭接表面留下清洗剂,会在搭接表面存在(　　)。

(A)产生静电荷　　　(B)电化学腐蚀

(C)嵌入的氧化铁导致腐蚀　　　(D)产生摩振腐蚀

99. 电化学腐蚀中(　　)。

(A)电位高的金属容易腐蚀

(B)电位低的金属容易腐蚀

(C)两种金属同时发生化学反应

(D)无论是否有电解质溶液存在,只要有电位差就会发生腐蚀

100. 社会主义职业道德是社会主义精神文明建设的一个重要内容,它对于纠正各种职业活动中的不正之风,改善整个社会风气有着重要的(　　)。

(A)影响作用　　　(B)激励作用　　　(C)推进作用　　　(D)推动作用

101. 清除钛合金的腐蚀产物,不能用(　　)。

(A)铝丝棉　　　(B)不绣钢丝棉　　　(C)动力打磨工具　　　(D)砂纸

102. 下列说法正确的是(　　)。

(A)化学铬的钢零件,当镀层局部破损时对防腐蚀效果无影响

(B)对于化学腐蚀来说,电位低的金属易被腐蚀

(C)温度对化学腐蚀没有影响

(D)化学腐蚀是金属与环境介质直接发生化学反应而产生的损伤

103. 金属电偶腐蚀(　　)。

(A)与两种互相接触金属之间的电位差无关

(B)与是否存在腐蚀介质无关

(C)发生在电极电位相同的两种金属之间

(D)取决于两种相接触金属之间的电位差

104. 镀铬的钢零件,当镀层局部破坏后(　　)。

(A)裸露的钢为阴极、镀铬层为阳极,镀层腐蚀

(B)裸露的钢为阳极、镀铬层为阴极,钢件被腐蚀

(C)裸露的钢为阴极、镀铬层为阳极,钢件被腐蚀

(D)裸露的钢为阳极、镀铬层为阴极,镀层被腐蚀

105. 下列特征中,不属于丝状腐蚀的是(　　)。

(A)铆钉头周围有黑圈且在背气流方向有尾迹

(B)漆膜破损区有小鼓泡

(C)紧固件孔周围呈现线丝状隆起

(D)随湿度增加,丝状隆起的线条变宽

106. 用不燃性有机溶剂脱脂的方法有(　　)、浸洗、蒸汽和喷洗等几种。

(A)喷砂　　　　　　(B)打磨　　　　　　(C)擦洗　　　　　　(D)酸洗

107. 铁路客车、机车外顶受腐最有害的气体是(　　)。

(A)二氧化碳　　　　(B)硫化氢　　　　　(C)二氧化硫　　　　(D)二氧化氮

108. 有效降低生产成本,提高投入产出效益比,为社会产出更多的物资财富,是企业生产者(　　)的职责。

(A)义不容辞　　　　(B)责无旁贷　　　　(C)不可推卸　　　　(D)理所应当

109. 部件在硝酸钠和硝酸钾溶液池内进行热处理后,要在热水中进行彻底的漂洗的原因是(　　)。

(A)为了防止腐蚀　　　　　　　　　　　(B)为防止出现气孔

(C)为减少翘曲变形　　　　　　　　　　(D)为延缓褪色

110. 铝合金大气腐蚀相对湿度大约为(　　)。

(A)90%　　　　　　(B)100%　　　　　　(C)65%　　　　　　(D)20%

111. 下列金属中,耐腐蚀性最弱的是(　　)。

(A)镁合金　　　　　(B)钛合金　　　　　(C)铝合金　　　　　(D)不锈钢

112. 铝合金的丝状腐蚀(　　)。

(A)是金属表面发生的均匀腐蚀　　　　　(B)是由于金属暴露在氧中而发生的腐蚀

(C)是由于热处理不当而发生的腐蚀　　　(D)其特征是漆层下面有隆起

113. 下列因素中,与应力腐蚀有关的是(　　)。

(A)拉应力　　　　　(B)剪应力　　　　　(C)压应力　　　　　(D)大气中的氧气

114. 手工打磨与机械打磨相比,手工打磨的效率(　　)。

(A)很低　　　　　　(B)高　　　　　　　(C)较高　　　　　　(D)一样

115. 检测磷化液的总酸度和游离酸度,可用(　　)的氢氧化钠标准溶液进行滴定。

(A)0.1 mol　　　　　(B)1 mol　　　　　　(C)10 mol　　　　　(D)100 mol

116. 影响丝状腐蚀的最主要因素是大气的相对湿度和海洋大气环境,下列(　　)情况下,易产生丝状腐蚀。

(A)相对湿度高于10%　　　　　　　　　(B)相对湿度高于20%

(C)相对湿度低于65%　　　　　　　　　(D)相对湿度高于65%

117. 下面(　　)的构件外观可能没有明显变化。

(A)表面腐蚀　　　　(B)丝状腐蚀　　　　(C)摩振腐蚀　　　　(D)晶间腐蚀

118. 清除不锈钢的腐蚀产物,不能用(　　)。

(A)钢丝刷　　　　　(B)砂纸　　　　　　(C)钢丝棉　　　　　(D)喷丸方法

119. 不含(　　)的纯铝或铝合金工件在氧化处理后,得到的氧化膜呈银白色、黄铜色或黄褐色。

(A)锌　　　　　　　(B)铜　　　　　　　(C)镁　　　　　　　(D)铬

120. 铝合金表面的包铝层是(　　)。

(A)用电解液处理法形成的　　　　　　　(B)用涂"阿罗丁"的方法生成

(C)喷涂上去的　　　　　　　　　　　　(D)滚压到铝合金表面上的

121. 全心全意为人民服务是社会主义职业道德的最高(　　)。

(A)标准　　　　　　(B)指南　　　　　　(C)职责　　　　　　(D)准则

122. 手工除锈前,首先除去表面各种可见污物,然后用(　　)脱脂。

(A)砂纸　　　　　　(B)溶剂或清洗剂　　(C)水　　　　　　　(D)脱漆剂

123. 手工除锈时可借助的小型机械有(　　)。

(A)角向磨光机　　　(B)电钻　　　　　　(C)电锯　　　　　　(D)抛丸机

124. 铝及铝合金的酸洗处理也称为(　　)。

(A)清洁处理　　　　(B)工艺准备　　　　(C)钝化处理　　　　(D)光化处理

125. 脱脂的原理主要是利用(　　)及各种化学物质的溶解、皂化、润湿、渗透等作用来除去物料表面的油污。

(A)光解作用　　　　(B)机械作用　　　　(C)酸碱作用　　　　(D)中和作用

126. 铁路修理 25 型客车外墙板,经喷丸后墙板涂装的防锈底漆是(　　)。

(A)铁红醇酸防锈漆　　　　　　　　　　(B)磁化铁环氧防锈漆

(C)红丹醇酸防锈漆　　　　　　　　　　(D)硅酸锌防锈漆

127. 铁路 25 型客车钢结构内部喷涂重防腐漆类是(　　)。

(A)环氧树脂类　　　　　　　　　　　　(B)醇酸漆类

(C)氯磺化聚乙烯类　　　　　　　　　　(D)沥青类

128. 抛(喷)丸除锈机抛(喷)的流速为(　　)m/s。

(A)79～80　　　　　(B)180～200　　　　(C)30～50　　　　　(D)5～8

129. 清除钢铁表面的氧化皮和铁锈的丸粒硬度为(　　)。

(A)HRC20～30　　　(B)HRC45～48　　　(C)HRC50～65　　　(D)HRC5～6

130. 适合于油漆涂装的金属表面除锈后粗糙度为(　　)微米为最佳。

(A)20～30　　　　　(B)40～75　　　　　(C)80～120　　　　(D)200～300

131. 影响钢铁的组织性能的主要化学元素是(　　)。

(A)硫　　　　　　　(B)碳　　　　　　　(C)钙　　　　　　　(D)金

132. 除锈效果最好的方法是(　　)。

(A)机械法　　　　　(B)碱液法　　　　　(C)手工法　　　　　(D)化学法

133. 在金属表面进行抛光处理的方法,有(　　)、化学抛光和电解抛光。

(A)光解抛光　　　　(B)电镀抛光　　　　(C)机械抛光　　　　(D)钝化抛光

134. 底层涂装的主要作用是(　　)。

(A)美观、漂亮　　　　　　　　　　　　(B)防锈、防腐

(C)钝化底层表面　　　　　　　　　　　(D)增加下一涂层的附着力

135. 选择底层涂料时应注意下面( )特点。
(A)底层涂料有较高的光泽　　　　　(B)底层涂料的装饰性要求较高
(C)底层涂料有很强的防锈、钝化作用　(D)底层涂料不需要太厚

136. 对底涂层有害的物质是( )。
(A)干燥的物体表面　　　　　　　　(B)油污、锈迹
(C)磷化膜　　　　　　　　　　　　(D)打磨后的材质表面

137. 镁合金氧化膜的质量检查内容包括( )检查、槽液检查和氧化膜质量检查。
(A)交验　　　　(B)工序　　　　(C)自身　　　　(D)车间

138. 下列叙述的方法正确的是( )。
(A)用铝质铆钉铆接铁板,铁板不易被腐蚀
(B)金属的电化学腐蚀比化学腐蚀更普遍
(C)钢铁在干燥空气中易被腐蚀
(D)不能用牺牲锌块的方法来保护船身

139. 防腐蚀施工用料的计算是以技术方案为依据,根据( )来估算工程的用料量。
(A)施工图　　　　　　　　　　　　(B)预算定额或经验
(C)单位估价表　　　　　　　　　　(D)费用标准

140. 在喷射过程中喷嘴直径由于不断摩擦而变大,当内径为 5 mm 喷嘴的磨损量超过( )mm 时喷嘴建议更换,不继续使用。
(A)0.4　　　　(B)0.6　　　　(C)0.8　　　　(D)1.0

141. 要获得表面足够的粗糙度,喷射处理时要选用( )磨料。
(A)硬度低的　　　　　　　　　　　(B)价格高的
(C)粉末状　　　　　　　　　　　　(D)硬度高有菱角的颗粒状

142. 机械台班使用定额一般以台班为单位,每一台班按( )h 计算。
(A)4　　　　(B)8　　　　(C)12　　　　(D)24

143. 表面处理时的环境温湿度要求是( )。
(A)环境温度 15~35℃,湿度<85%,露天温度>3℃
(B)环境温度 20~35℃,湿度<70%,露天温度>5℃
(C)环境温度 15~25℃,湿度<60%,露天温度>8℃
(D)环境温度 15~35℃,湿度<60%,露天温度>8℃

144. 表面处理后的毛糙度对漆膜的( )影响最大。
(A)附着力　　　(B)冲击性　　　(C)耐候性　　　(D)机械性

145. 对发生事故的"四不放过"原则( )。
(A)事故原因分析不清不放过;责任人未受处分不放过;没有制定出防范措施不放过;领导责任不清不放过
(B)领导责任不查清不放过;责任人未受处分不放过;事故责任者和群众没有受到教育不放过;没有制定出防范措施不放过
(C)事故原因分析不清不放过;事故责任者和群众没有受到教育不放过;没有制定出防范措施不放过;责任人未受处分不放过
(D)事故原因分析不清不放过;责任人未受处分不放过;事故责任者和群众没有受到教育

不放过;没有制定出防范措施不放过

146. 下列各种方法中:①金属表面涂抹油漆,②改变金属的内部结构,③保持金属表面清洁干燥,④在金属表面进行电镀,⑤使金属表面形成致密的氧化物薄膜。能对金属起到防止或减缓腐蚀作用的措施是( )。

(A)①②③④　　　　(B)①③④⑤　　　　(C)①②④⑤　　　　(D)全部

147. 后道涂料把前一道涂料的涂膜软化、膨胀,甚至咬起的现象称为( )。

(A)橘皮　　　　(B)起皱　　　　(C)咬底　　　　(D)泛白

148. 空气相对湿度低于( ),基体表面温度高于露点( )℃以上方可进行喷砂。

(A)95%;5　　　(B)85%;5　　　(D)95%;3　　　(D)85%;3

149. 喷砂后应达到的表面清洁度质量要求为( )级。

(A)St2.5　　　　(B)Sa2.5　　　　(C)St2　　　　(D)Sa2

150. 喷砂后应达到的表面粗糙度质量要求为( )级。

(A)细　　　　(B)中　　　　(C)粗　　　　(D)粗粗

151. 对于喷漆防腐,漆膜厚度检验一般采用( )点测量法,平整表面每 10 m² 应不少于( )个测点,结构复杂的表面原则上每( )m² 不少于 1 个测点。

(A)3;3;2　　　　(B)3;5;1　　　　(C)5;3;2　　　　(D)5;5;1

152. 喷锌层厚度检验采用( )点测量法,平整表面每 10 m² 应不少于( )个测点。

(A)3;3　　　　(B)5;3　　　　(C)3;5　　　　(D)5;5

153. 影响金属涂层与基材结合力的诸多因素中( )影响最大。

(A)涂层厚度　　　(B)涂层种类　　　(C)表面处理质量　　　(D)喷涂方法

154. 附着力检查中,涂膜厚度( )时,采用划 600 角的检测方法。

(A)小于 60 μm　　　(B)60~120 μm　　　(C)大于 120 μm　　　(D)大于 200 μm

155. 塑料件表面化学处理的常用方法是( )、硫酸混合液法。

(A)磷酸　　　　(B)盐酸　　　　(C)硝酸　　　　(D)铬酸

156. 材质不同,涂料与材质的( )不同。

(A)光泽度　　　　(B)粗糙度　　　　(C)结合力　　　　(D)漆膜厚度

157. 下列酸液中,碱性最弱的是( )。

(A)H_4SiO_4　　　(B)H_3PO_4　　　(C)$HClO_4$　　　(D)$HClO$

158. 两性化合物是( )。

(A)Fe_2O_3　　　(B)MgO　　　(C)$Al(OH)_3$　　　(D)SiO_2

159. 下列物质中存在着氧分子的是( )。

(A)二氧化碳　　　(B)空气　　　(C)水　　　(D)氯酸钾

160. 考察( )性能的优劣,通常用耐盐雾性试验进行实验室考察。

(A)硬度　　　　(B)电泳底漆　　　　(C)膜厚　　　　(D)泳透力

161. 下面方法中,不能使涂膜减少锈蚀的是( )。

(A)处理底层后需用底漆　　　　(B)金属底材一定要完全除锈并涂装底漆

(C)金属表面经处理后喷涂防锈漆　　　　(D)不管底材如何,喷涂较厚涂膜

162. 下列说法错误的是( )。

(A)空气不是一种元素　　　　(B)空气是几种单质和几种化合物的混合物

(C)空气是单质　　　　　　　　　　(D)空气是一种化合物

163. CO_2 的读法是(　　)。

(A)一碳化二氧　　(B)二氧化一碳　　(C)二氧化碳　　(D)一碳二氧

三、多项选择题

1. 漆膜的实际干燥过程,都需要一定的(　　)。

(A)干燥温度　　(B)干燥时间　　(C)粗糙度　　(D)膜厚

2. 下列说法错误的是(　　)。

(A)空气是一种元素　　　　　　　　(B)空气是一种化合物

(C)空气是几种化合物的混合物　　　　(D)空气是几种单质和几种化合物的混合物

3. 下面关于"文明礼貌"的说法正确的是(　　)。

(A)是职业道德的重要规范

(B)是商业、服务业职工必须遵循的道德规范,与其他职业没有关系

(C)是企业形象的重要内容

(D)只在自己的工作岗位上讲,其他场合不用讲

4. 能对金属起到防止或减缓腐蚀作用的措施是(　　)。

(A)金属表面涂抹油漆

(B)改变金属的内部结构

(C)在金属表面进行电镀

(D)使金属表面形成致密的氧化物薄膜

5. (　　)条件下方可进行喷砂。

(A)空气相对湿度低于75%　　　　　(B)基体表面温度高于露点10℃以上

(C)空气相对湿度低于95%　　　　　(D)基体表面温度高于露点3℃以上

6. 一般化学除锈液含有(　　)。

(A)氯化钠　　(B)硫脲　　(C)硫酸　　(D)盐酸

7. 有油漆适宜涂装条件,影响漆膜质量的因素是(　　)。

(A)操作技术水平　　(B)表面处理　　(C)性能良好　　(D)温度

8. 影响金属涂层与基材结合力的因素有(　　)。

(A)涂层厚度　　(B)涂层种类　　(C)表面处理质量　　(D)喷涂方法

9. 在企业生产经营活动中,员工之间团结互助的要求包括(　　)。

(A)讲究合作,避免竞争　　　　　　(B)平等交流,平等对话

(C)既合作,又竞争,竞争与合作相统一　　(D)互相学习,共同提高

10. 磷化液中的促进剂有(　　)。

(A)还原剂　　(B)氢离子　　(C)氧化剂　　(D)金属离子

11. 铜盐是磷化反应中常用的促进剂,应用较多的有(　　)。

(A)碳酸铜　　(B)硫酸铜　　(C)硝酸铜　　(D)氧化铜

12. 磷化后处理包括(　　)等过程。

(A)显光　　(B)水洗　　(C)钝化　　(D)干燥

13. 在一个槽液中同时进行(　　)等数道工序的方法叫综合处理法。

(A)脱脂 　　　　(B)除锈 　　　　(C)磷化 　　　　(D)钝化

14. 铜及铜合金采用( )处理后,可提高其耐蚀能力。

(A)酸洗 　　　　(B)钝化 　　　　(C)氧化 　　　　(D)抛光

15. 在金属表面进行抛光处理的方法,有( )。

(A)机械抛光 　　(B)化学抛光 　　(C)电解抛光 　　(D)光解抛光

16. 镁合金氧化膜的质量检查内容包括( )。

(A)工序检查 　　　　　　　　　(B)槽液检查

(C)氧化膜质量检查 　　　　　　(D)溶质检查

17. 涂装过程中挥发大量的溶剂蒸气,遇明火易( )。

(A)爆炸 　　　　(B)喷淋 　　　　(C)燃烧 　　　　(D)挥发

18. 属于手工除锈的过程是( )。

(A)用钨钢铲刀铲去大面积锈蚀 　　(B)用刮刀和钢丝刷除去边角部位锈蚀

(C)用锉除去焊渣等突出物和各种毛刺 　　(D)清洁并及时涂装底漆

19. 机械除锈分( )。

(A)手工除锈 　　(B)喷砂抛丸除锈 　(C)氧化 　　　　(D)磷化

20. 喷涂底漆前应对( )作彻底打磨或呈现金属本色。

(A)焊缝区 　　　(B)火工烧损区 　　(C)自然锈蚀区 　　(D)旧漆层

21. 当溶液中的其他条件一定时,影响碱液脱脂效果的主要因素是( )。

(A)碱液浓度 　　(B)操作者人数 　　(C)碱液温度 　　(D)碱液搅拌作用

22. 碱性乳化脱脂有( )。

(A)喷砂法 　　　(B)喷射法 　　　(C)浸渍法 　　　(D)磷化法

23. 磨料的( )等是决定磨料性能的主要因素。

(A)价格 　　　　(B)种类 　　　　(C)硬度 　　　　(D)密度

24. 喷丸工人进入车间应( )。

(A)穿好防护服 　　　　　　　　　(B)戴好防护头盔

(C)手握喷丸胶管 　　　　　　　　(D)打开供给呼吸用气

25. 去除铝及铝合金表面的油污,通常可采用( )。

(A)中性清洗剂 　　(B)盐和水 　　(C)强碱 　　　　(D)强酸

26. 脱脂的目的是( )。

(A)提高除锈质量 　(B)提高磷化质量 　(C)美观 　　　　(D)提高涂层质量

27. 属于机械法脱脂有( )。

(A)擦拭法 　　　(B)喷砂法 　　　(C)燃烧法 　　　(D)氧化法

28. 使用有机溶剂脱脂时应( )。

(A)在良好的通风条件下进行

(B)避免有机溶剂与皮肤接触

(C)工件进出脱脂设备时,速度要缓慢

(D)工件进行有机溶剂脱脂处理前要经过彻底干燥

29. 化学脱脂分为( )等几类。

(A)碱性脱脂 　　(B)酸性脱脂 　　(C)乳化脱脂 　　(D)晶间脱脂

30. 可用于碱液脱脂的常用方法有( )。
(A)手工清洗 (B)浸渍清洗 (C)喷射清洗 (D)滚筒清洗

31. 手工清洗脱脂的特点是( )。
(A)适用于小批量或尺寸很大、形状很复杂的工件
(B)方法简便灵活,不受条件限制
(C)碱液浓度和操作温度都不可过高
(D)应注意防止碱液伤害皮肤和眼角膜

32. 碱液脱脂时影响脱脂效果的工艺因素有( )。
(A)碱液浓度 (B)脱脂温度 (C)机械作用 (D)脱脂时间

33. 磷化处理的作用有( )。
(A)提高耐蚀性
(B)提高基体与涂层间或其他有机精饰层间的附着力
(C)提供清洁表面
(D)改善材料的冷加工性能,改进表面摩擦性能

34. 抛丸(砂)除锈具有( )等优点。
(A)提高产品质量 (B)节约用电 (C)改善劳动条件 (D)提高生产效率

35. 磷化膜具有( )等特性。
(A)多孔性 (B)耐蚀性 (C)绝缘性能 (D)与涂膜的结合力

36. 磷化液由( )组成。
(A)成膜物质 (B)改性剂和促进剂
(C)降渣剂 (D)其他添加剂

37. 环氧自流平涂料是以环氧树脂为成膜物,通过加入各种助剂、颜料、填料等加工而成,特点有( )。
(A)涂料自流平性好 (B)涂膜具有坚韧、耐磨性好、无毒不助燃
(C)表面平整光洁 (D)漆膜厚

38. 为获得质量更好更均匀致密的磷化膜,可以采用表面调整的方法,具体方法有( )。
(A)轻度喷砂处理底层后不需用底漆
(B)轻度抛丸不管底材如何,喷涂较厚涂膜
(C)酸洗金属表面未经处理,直接喷涂防锈漆
(D)金属底材一定要完全除锈并涂装底漆

39. 生漆又名( )。
(A)国漆 (B)水性漆 (C)土漆 (D)大漆

40. 天然生漆分为( )等几大类。
(A)毛坝漆 (B)城口漆 (C)西南漆 (D)西北漆

41. 底漆的作用是( )。
(A)提高面漆的附着力 (B)增加面漆的丰满度
(C)提供抗碱性 (D)提供防腐蚀功能

42. 金属表面的除锈方法有( )。

(A)化学法　　　　(B)机械法　　　　(C)电解除锈法　　　　(D)光解法

43.机械除锈法通常有(　　　)。

(A)喷砂　　　　(B)手工除锈　　　　(C)喷丸　　　　(D)抛丸

44.化学除锈法通常有(　　　)等几种。

(A)酸洗　　　　(B)电解　　　　(C)电极　　　　(D)抛丸

45.酸洗除锈常用无机酸是(　　　)。

(A)硫酸　　　　(B)盐酸　　　　(C)醋酸　　　　(D)柠檬酸

46.磷化膜与(　　　)有较高的结合力,可视为金属的涂装防护层。

(A)中涂层　　　　(B)基体金属　　　　(C)基层涂料　　　　(D)氧化层

47.磷化液中的促进剂有(　　　)。

(A)还原剂　　　　(B)氯离子　　　　(C)氧化剂　　　　(D)金属离子

48.铜盐是磷化反应中常用的促进剂,应用较多的有(　　　)。

(A)氢氧化铜　　　　(B)碳酸铜　　　　(C)硫酸铜　　　　(D)硝酸铜

49.磷化后处理包括(　　　)等过程。

(A)干燥　　　　(B)水洗　　　　(C)钝化　　　　(D)抛光

50.镁合金工件可采用(　　　)后涂装涂料的方法进行防护和表面装饰。

(A)化学氧化　　　　(B)电化学氧化　　　　(C)抛丸　　　　(D)打磨

51.铜及铜合金采用(　　　)处理后,可提高其耐蚀能力。

(A)酸洗　　　　(B)打磨　　　　(C)氧化　　　　(D)钝化

52.在金属表面进行抛光处理的方法,有(　　　)。

(A)机械抛光　　　　(B)化学抛光　　　　(C)电解抛光　　　　(D)氧化抛光

53.铝及铝合金的化学氧化方法,可分为(　　　)。

(A)碱性溶液氧化　　　　(B)酸性溶液氧化　　　　(C)酯化　　　　(D)醇化

54.塑料件表面化学处理的常用方法是(　　　)混合液法。

(A)盐酸　　　　(B)铬酸　　　　(C)硫酸　　　　(D)磷酸

55.涂料的干燥方法有(　　　)。

(A)机械干燥　　　　(B)自然干燥　　　　(C)烘烤干燥　　　　(D)摩擦干燥

56.表示涂层干燥程度的有(　　　)。

(A)表干　　　　(B)光泽度　　　　(C)实干　　　　(D)粗糙度

57.常用的空气喷枪的结构型式有(　　　)组成。

(A)吸上式　　　　(B)高压式　　　　(C)针孔式　　　　(D)压下式

58.刷涂法常用的主要工具有(　　　)等。

(A)漆刷　　　　(B)壁纸刀　　　　(C)漆桶　　　　(D)过滤器

59.常用的底漆可分为(　　　)。

(A)装饰底漆　　　　(B)防锈底漆　　　　(C)保养底漆　　　　(D)一般底漆

60.按涂料的干燥机理分类,可分为(　　　)。

(A)物理性干燥　　　　(B)电泳性干燥　　　　(C)润滑性干燥　　　　(D)化学性干燥

61.机械法脱脂有(　　　)等方法。

(A)擦拭法　　　　(B)喷砂法　　　　(C)电解法　　　　(D)燃烧法

62. 涂装前表面除锈以"三酸"即( )为主要组分配制的处理液,腐蚀性和毒性极强。

(A)硫酸 　　　　(B)硝酸 　　　　(C)盐酸 　　　　(D)醋酸

63. 电泳涂漆的过程有( )。

(A)电解 　　　　(B)电泳 　　　　(C)电沉积 　　　　(D)电渗

64. 磷化膜厚度与磷化液的( )有很大的关系。

(A)成分 　　　　(B)重量 　　　　(C)工艺要求 　　　　(D)颜色

65. 对腐蚀起作用的环境因素有( )。

(A)介质 　　　　(B)温度 　　　　(C)流速 　　　　(D)压力

66. 根据腐蚀电池中电极大小的不同,可分为( )。

(A)电泳电池 　　　　(B)宏观电池 　　　　(C)微观电池 　　　　(D)锂电池

67. 用"三钠"即( )配制的碱性脱脂剂,脱脂后的冲洗废水具有腐蚀性,必须经处理后排放。

(A)氢氧化钠 　　　　(B)碳酸钠 　　　　(C)氯化钠 　　　　(D)磷酸三钠

68. 一般化学除锈液含有( )。

(A)氯化钠 4%～5% 　　　　(B)硫脲 0.3%～0.5%

(C)硫酸 18%～20% 　　　　(D)氢氧化钠 0.3%～0.5%

69. 属于烃类溶剂的是( )。

(A)矿物油 　　　　(B)氧化煤油 　　　　(C)煤油 　　　　(D)水

70. 形成锌和铁系磷化膜的槽液成分是( )。

(A)磷酸锌 　　　　(B)磷酸铁 　　　　(C)磷酸钙 　　　　(D)磷酸钡

71. 高纯铝-镁合金的电化学抛光液是由( )组成的。

(A)磷酸 　　　　(B)硝酸 　　　　(C)铬酐 　　　　(D)醋酸

72. 防腐蚀涂层的防腐机理磷化膜的主要特性有( )。

(A)屏蔽作用 　　　　(B)缓蚀钝化作用

(C)牺牲阳极保护作用 　　　　(D)与金属工件的结合力

73. 形成铁、锰或锌系磷化膜的槽液成分是( )。

(A)锰或锌 　　　　(B)磷酸锰 　　　　(C)硫酸锌 　　　　(D)磷酸钙

74. 喷砂(丸)除锈系统设备类型有( )。

(A)水旋式设备 　　　　(B)干式设备

(C)敞开式喷砂(丸)机械 　　　　(D)自动循环回收式喷砂机

75. 脱脂的目的有( )。

(A)提高除锈质量 　　(B)提高磷化质量 　　(C)提高光泽度 　　(D)提高涂层质量

76. 漆膜的三防性为( )。

(A)防湿热 　　　　(B)防盐雾 　　　　(C)防炸裂 　　　　(D)防霉菌

77. 磷化液的降渣剂种类有( )。

(A)络合剂 　　　　(B)防垢剂 　　　　(C)促进剂 　　　　(D)缓蚀剂

78. 施工前准备包括( )。

(A)施工方案 　　　　(B)选择涂料 　　　　(C)工机具准备 　　　　(D)安全措施准备

79. 油罐怎样进行表面预处理( )。

(A)除去油罐旧保温层附着物　　　　　　　(B)用碱液清洗罐外表面油污
(C)清水冲净碱液　　　　　　　　　　　　(D)用铜铲去油罐外表面附着不牢的锈皮

80. 带锈底漆有( )等几种类型。
(A)转化型带锈底漆　　　　　　　　　　　(B)稳定型带锈底漆
(C)电解型带锈底漆　　　　　　　　　　　(D)渗透型带锈底漆

81. 热镀锌中镀锌层的后处理包括( )。
(A)去氢　　　　　(B)抛光　　　　　(C)钝化处理　　　　(D)其他处理

82. 下列金属,不属于黑色金属的有( )。
(A)锌　　　　　(B)铁碳合金　　　　(C)不锈钢　　　　(D)铝

83. 黏结剂及胶浆配制过程有( )。
(A)溶剂的选择　　　　　　　　　　　　(B)对胶浆板的要求
(C)胶浆的配比　　　　　　　　　　　　(D)配制胶

84. 进行管道及管件的橡胶衬里缺陷的处理应使用( )。
(A)堵孔填平法　　(B)手工涂刷法　　(C)挂线排气法　　(D)注入涂刷法

85. 涂刷胶浆的方法有( )。
(A)堵孔填平法　　(B)手工涂刷法　　(C)挂线排气法　　(D)注入涂刷法

86. 管道及管件的橡胶衬里的中间检查包括( )。
(A)厚度检查　　　　　　　　　　　　　(B)粗糙度检查
(C)外观检查　　　　　　　　　　　　　(D)高频火花检测仪检查

87. 橡胶硫化阶段有( )。
(A)硫化起步　　(B)欠硫化　　(C)正硫化　　(D)过硫化

88. 硫化方法有( )。
(A)间接硫化　　(B)直接硫化　　(C)敞口硫化　　(D)交联硫化

89. 磷化操作方法有( )。
(A)采用强酸强碱处理、喷砂、喷丸处理等方法使表面无油污、无锈蚀,表面状态良好
(B)根据磷化液的工作温度,分为低温磷化、中温磷化和高温磷化三种
(C)喷射法
(D)刷涂法

90. 金属表面除锈方法有( )。
(A)手工除锈法　　(B)机械除锈法　　(C)化学除锈法　　(D)光照除锈法

91. 底材表面处理的作用有( )。
(A)提高涂层对材料表面的附着力
(B)提高涂层对金属基体的防腐蚀保护能力
(C)提高基体表面的平整度
(D)美观

92. 清除铁锈和氧化皮的方法有( )。
(A)手工处理　　(B)机械处理　　(C)喷砂处理　　(D)化学处理

93. 涂料施工的基本要求是( )。
(A)良好的附着力和物理机械性能　　(B)有良好的耐蚀性

(C)有良好的抵抗介质渗透性　　　　　　(D)有良好的施工性能

94.管道及管件的橡胶衬里的质量检查标准有(　　)。

(A)用高频火花检测仪全面检查,衬胶层不得有漏电现象

(B)其胶层与金属表面不得有脱层现象

(C)常压设备,允许橡胶与金属脱开(起泡)的面积不得大于 20 cm²,突起高度不得超过 2 mm

(D)衬里表面不允许有深度超过 0.5 mm 以上的外伤或夹杂物,不得出现裂纹或海绵状气孔

95.碱液脱脂时喷射清洗的优点有(　　)。

(A)有强烈的机械作用,清洗效果好

(B)溶液浓度和处理温度可以较低

(C)处理时间短,生产效率高

(D)进行磷化处理时,可获得较细致的结晶膜

96.化工企业实施防腐蚀施工作业中,项目开工的要求有(　　)。

(A)项目开工前,制定安全管理制度及防腐蚀施工项目的安全作业指南或规定,并严格执行

(B)项目开工前,进行职业培训,按规定取得各种资格

(C)安全教育不间断,安全要求天天讲,项目开工前,要对全体人员进行安全培训,讲解安全制度、规定和要求

(D)做好防腐蚀施工的工程档案,真实记录施工过程和安全措施

97.如何解决镀锌过程中镀层出现发花现象?(　　)

(A)加强预处理

(B)工件入槽时,先在镀锌溶液中晃动几下,然后再放电

(C)不要加入未乳化的丙酮

(D)过滤去除有机杂质加装阴极移动装置

98.操作者未办高处作业证,属于不安全操作的活动有(　　)。

(A)不系安全带　　　　　　　　　　(B)组装操作

(C)脚手架、跳板不牢　　　　　　　　(D)登高作业

99.喷锌操作的检查项目有(　　)。

(A)厚度检查　　　(B)结合性能检查　　　(C)光泽度检查　　　(D)外观检查

四、判　断　题

1. C_2H_5OH 是酒精的化学分子式。(　　)

2. 金属腐蚀主要有化学腐蚀和电化学腐蚀两种。(　　)

3. 苯类溶剂的飞散,对施工者的身体健康危害甚大。(　　)

4. 磷化膜是一种防腐层,对涂层在表面附着无明显作用。(　　)

5. 铁路客、货车抛(喷)丸除锈是用铸铁丸、钢丸等。(　　)

6. 铁路客、货车辆钢结构,长期处于潮湿及水的条件下,就会遭受到腐蚀。(　　)

7. 涂装底漆的目的,是增加被涂物的防腐作用及增强附着力。(　　)

8. 常用体质颜料大白粉的化学分子式是:$CaCO_3$。(　　)

9. 石膏粉的化学分子式是 Na_2SO_4。（　　）

10. 未经表面处理的金属材质表面不能涂装油漆。（　　）

11. pH 值是表示溶液的酸、碱性的数值。（　　）

12. 电解是表示不通电流的液体。（　　）

13. P 是表示货车的基本名称。（　　）

14. RZXL 是代表软座车的车型。（　　）

15. YZ 是代表硬座车的车型。（　　）

16. RYZ 是代表软座、硬卧车型。（　　）

17. 抛丸(喷丸)打砂表面的粗糙面是在 100 μm 以上为最好。（　　）

18. 对车辆腐蚀最厉害的气体是硫化氢气体。（　　）

19. 涂装前处理是除油、除锈、磷化表面处理。（　　）

20. 铁锈结构是外层较疏松,越向内越紧密的结构。（　　）

21. 电沉积是电泳涂装的主要反应过程。（　　）

22. 客车对漆膜附着力要求达到 1～2 级。（　　）

23. 客车表面漆要着色颜料的细度为 30～40 μm。（　　）

24. pH 值是影响电泳涂膜质量的主要因素之一。（　　）

25. 采用高压水除锈是一种表面处理新技术。（　　）

26. 机、客、货车内外表面抛丸(喷丸)处理是为了清除锈垢、旧漆皮等。（　　）

27. 钢铁表面氧化皮是金属腐蚀物的媒介体。（　　）

28. 从零件的生产到产品的组装,只要质量符合标准,就不需要精打细算。（　　）

29. 搞好自己的本职工作,不需要学习与自己生活工作有关的基本法律知识。（　　）

30. 勤俭节约是劳动者的美德。（　　）

31. 企业职工应自觉执行本企业的定额管理,严格控制成本支出。（　　）

32. 提高生产效率,无需要掌握安全常识。（　　）

33. 企业的投资计划,经营策略,产品开发项目不是秘密。（　　）

34. 企业的利益就是职工的利益。（　　）

35. 职工是国家的主人,也是企业的主人。（　　）

36. 干一行,爱一行,钻一行,精一行是企业职工良好的职业道德。（　　）

37. 铺张浪费与定额管理无关。（　　）

38. 在工作中我不伤害他人就是有职业道德。（　　）

39. 本职业与企业兴衰、国家振兴毫无联系。（　　）

40. 社会主义职业道德的基本原则是用来指导和约束人们的职业行为的,需要通过具体明确的规范来体现。（　　）

41. 树立"忠于职守,热爱劳动"的敬业意识,是国家对每个从业人员的起码要求。（　　）

42. 每一名劳动者,都应坚决反对玩忽职守的渎职行为。（　　）

43. 掌握必要的职业技能,是完成工作的基本手段。（　　）

44. 每一名劳动者,都应提倡公平竞争,形成相互促进、积极向上的人际关系。（　　）

45. 职业道德与职业纪律有密切联系,两者相互促进,相辅相成。（　　）

46. 为人民服务是社会主义的基本职业道德的核心。（　　）

47. 社会主义职业道德的基本原理是国家利益、集体利益、个人利益相结合的集体主义。（　　）

48. 当电解质中有任何两种金属相连时，即可构成原电池。（　　）

49. 黄铜合金中，铜做阳极，锌做阴极，形成原电池。（　　）

50. 在高温条件下，金属被氧化是可逆的反应。（　　）

51. 没有水的硫化氢、氯化氢、氯气等也可能对金属发生高温干蚀反应。（　　）

52. 铁在浓硝酸中浸过之后再浸入稀盐酸，比未浸入硝酸就浸入稀盐酸更容易溶解。（　　）

53. 两种金属之间电位差越大，两者相接触时，电位低的金属越容易腐蚀。（　　）

54. 海洋大气中的氧离子对金属构件有催化腐蚀的作用。（　　）

55. 镁合金零件清除腐蚀的正确方法是使用铝丝球。（　　）

56. 电化学腐蚀过程中有自由电子流动。（　　）

57. 化学腐蚀过程中有电流产生。（　　）

58. 金属产生缝隙腐蚀的缝隙宽度通常为 2.0～3.0 mm。（　　）

59. 阳极化法不能在铝合金表面形成氧化膜。（　　）

60. 机械方法是从钢质部件上清除锈蚀的最佳方法。（　　）

61. 生成钝化层的金属易产生点腐蚀。（　　）

62. 环氧酯就是环氧树脂。（　　）

63. 油漆类别代号为"I"代表油脂油漆。（　　）

64. 油漆类别代号为"F"代表醇酸树脂磁漆。（　　）

65. 硝基油漆的类别代号"Y"。（　　）

66. 稀释剂必须要与配套油漆使用。（　　）

67. 任何一种稀释剂都不能通用。（　　）

68. 性质不同的清漆可以混合使用。（　　）

69. 硝基色漆可以与醇酸磁漆混合使用。（　　）

70. 油漆的材质性质不同，涂装方法也不同。（　　）

71. 虫胶清漆主要性能是防水性。（　　）

72. 70%虫胶清漆是含虫胶树脂30%。（　　）

73. 短油度的醇酸树脂含油量是在 24%～25%。（　　）

74. 酚醛清漆的干燥成膜性质是属于氧聚合型。（　　）

75. 湿漆膜与空气中氧发生氧化聚合反应叫氧化干燥。（　　）

76. 不需要温度烘烤的油漆称为烤漆。（　　）

77. 油漆中加入防潮剂可加速油漆的干燥。（　　）

78. PQ-1 型压缩空气喷枪属于下压式的喷枪。（　　）

79. 磁漆、脱漆剂、硝基漆都属于易燃危险的油漆。（　　）

80. 铁路客车管道手阀柄涂的半黄半蓝的油漆颜色是表示排气阀。（　　）

81. 不含有机溶剂的涂料称为粉末涂料。（　　）

82. 油漆中的主要成膜物是油料。（　　）

83. 油漆中含有的酚醛树脂是属于天然树脂。（　　）

84. 油漆中含有油料是不干性油为主。（　　）

85. 油性漆是以油料作为主要成分。（　　）

86. 色漆主要是含有着色颜料。（　　）

87. 清漆是在漆料中加入一定防锈颜料。（　　）

88. 磁漆的性能比调合漆的性能好。（　　）

89. 底漆是起到物面的装饰作用。（　　）

90. 油性漆就是磁漆。（　　）

91. 豆油是属于干性油类。（　　）

92. 煤油基本上是无腐蚀作用。（　　）

93. 着色颜料在油漆中起到防锈、防腐的作用。（　　）

94. 调腻子的石膏粉就是无水硫酸钙。（　　）

95. 蓝色＋中黄色＝中绿色。（　　）

96. 红、黄、蓝三色常称为三原色。（　　）

97. 香蕉水可以稀释酚醛磁漆。（　　）

98. 涂装工艺对涂装质量好坏关系不大。（　　）

99. 铁路机车、客车外墙板涂刮腻子是为增加涂膜的附着力。（　　）

100. 铁路货车金属件表面涂刷底、面漆的干膜厚度要求在不低于 $96\ \mu m$。（　　）

101. 集装箱平板车金属的外层面涂刷蓝色调和漆。（　　）

102. 硝基漆常用的稀释剂松香水。（　　）

103. 体质颜料是起增加色漆的颜色的作用。（　　）

104. 油漆调配是一项比较简单的工作。（　　）

105. 使各层次的油漆涂层,其油漆性质可以不同。（　　）

106. 醇酸漆类使用的稀释剂是 200 号溶剂汽油。（　　）

107. 油漆涂刷方法是由外向里,由易到难。（　　）

108. 涂装前的表面处理好坏,决定涂装的成败。（　　）

109. 影响涂层寿命的各种因素中,表面处理占 49.5%。（　　）

110. 涂膜质量的病态大部分是油漆质量。（　　）

111. 底漆是起到着色装饰作用。（　　）

112. 对油漆施工场地的温度,没有一定的要求。（　　）

113. 在不同的涂装物面上涂刮腻子,要使用不同尺寸、种类的刮刀。（　　）

114. 虫胶清漆是不属于天然树脂类。（　　）

115. 油漆类别代号"F"是环氧树脂类油漆。（　　）

116. 油漆中所用的油料,是以不干性油料为主。（　　）

117. 油漆类别代号为"A"是氨基树脂类油漆。（　　）

118. 油漆类别代号为"C"是聚脂树脂类油漆。（　　）

119. 常用的体质颜料锌钡白,就是立德粉。（　　）

120. 颜料的颜色变化,主要是由红、蓝、黑的三种主色。（　　）

121. 棕色是由红、黑两种颜料配制而成。（　　）

122. 配油漆的颜色先后顺序是由浅到深。（　　）

123. 用醇类溶剂作为醇酸树脂磁漆的稀释剂。（　　）

124. 醛、酮、醇类溶剂存在油漆中,对操作者危害最小。（　　）

125. 常用脱漆剂主要含有二氯甲烷和苯的两种类型。（　　）

126. 氨基烘漆需要经过烘烤才能成膜固化。（　　）

127. 防腐性能最好的油漆是环氧树脂漆类。（　　）

128. 油漆性能的质量好坏,应以涂装后检验结果为结论。（　　）

129. 油漆干燥差一点,也未必出现什么质量事故。（　　）

130. 醇酸树脂磁漆也可以用固化剂加速干燥。（　　）

131. 催化剂也可以作为固化剂使用。（　　）

132. CO4-2 是表示常用的醇酸树脂磁漆。（　　）

133. 聚氨酯双组分磁漆,也可以用脱漆剂来稀释。（　　）

134. 油性腻子主要成分是石膏、清漆、干性油类、水等材料组成。（　　）

135. 阻尼涂料可降低薄钢板的剧烈震动程度。（　　）

136. 中间层涂层是以湿法打磨的质量最好。（　　）

137. 粉末喷涂形成的涂层均匀与否和工作的电压无关。（　　）

138. 涂装过程中所产生的三废是废水、废纸、废垃圾。（　　）

139. 用铁器敲击开启油漆桶或金属制溶剂桶时,易产生静电火花而引起火灾或爆炸。（　　）

140. 采用净化喷漆室是今后喷涂技术的发展方向。（　　）

141. 涂装工艺是涂装生产全过程的技术指导性文件。（　　）

142. 漆膜的实际干燥过程,都需要一定的干燥温度和干燥时间。（　　）

143. 石膏粉的主要化学成分是碳酸钙。（　　）

144. 水磨腻子表面质量比干磨腻子表面质量高。（　　）

145. 高固体分厚度涂膜层的控制厚度为 $700 \sim 1\,000\ \mu m$。（　　）

146. 温度高、辐射线强对漆膜的干燥越好。（　　）

147. 水溶性涂料也用 200 号溶剂稀释。（　　）

148. 溶剂的高沸点是在 $150 \sim 250℃$ 之间。（　　）

149. 锌绿的颜料是由锌黄与铁蓝制得。（　　）

150. 加热干燥的温度在 $100℃$ 以下为低温。（　　）

151. 油漆一般性涂膜厚度为 $8 \sim 100\ \mu m$。（　　）

152. 腻子与面漆之间的中涂漆层,对整个涂装体系无明显作用。（　　）

153. 对油漆涂装场房的光线照度没有一定的要求。（　　）

154. 腻子的涂装方法主要是刮涂。（　　）

155. 粉末涂料是采用溶剂来稀释使用。（　　）

156. 常用二甲苯溶剂是属于一级易燃易爆危险产品。（　　）

157. 空气喷涂法是油漆利用率最低的涂装方法。（　　）

158. 铁蓝颜料主要成分是亚铁氰化钾。（　　）

159. 油漆涂膜的厚薄不能衡量防腐性好与坏的一个因素。（　　）

160. 一般内墙涂料也可以做户外的装饰性漆。（　　）

五、简答题

1. 简述防腐蚀涂层的防腐机理。
2. 热镀锌中镀锌层的后处理包括哪些?
3. 什么是底漆,作用是什么?
4. 什么是腐蚀抑制性颜料?
5. 除锈方法有哪些?
6. 什么是化学除锈?
7. 怎样手工除锈?
8. 手工除锈时可借助的小型机械有哪些?
9. 喷砂(丸)除锈系统设备有哪些类型?
10. 化学除锈(酸洗)操作有哪些注意事项?
11. 脱脂的目的是什么?
12. 机械法脱脂有哪些方法?
13. 化学脱脂的分类是什么?
14. 碱液脱脂时的常用方法有哪些?
15. 碱液脱脂时手工清洗的适用范围及优点是什么?
16. 碱液脱脂时浸渍清洗的适用范围及优点是什么?
17. 碱液脱脂时滚筒清洗的适用范围是什么?
18. 碱液脱脂时电解清洗的适用范围是什么?
19. 碱液脱脂时超声波清洗的适用范围及优点是什么?
20. 碱液脱脂时影响脱脂效果的工艺因素有哪些?
21. 什么是磷化处理?
22. 磷化处理有什么作用?
23. 磷化膜具有怎样的特性?
24. 磷化工艺流程是什么?
25. 磷化液的组成是什么?
26. 磷化液的成膜物质有哪几种及作用是什么?
27. 电化学脱脂有哪几种方法?
28. 磷化液的促进剂有哪几种及作用是什么?
29. 磷化液的降渣剂有哪几种及作用是什么?
30. 磷化液的其他添加剂有哪几种及作用是什么?
31. 涂膜耐蚀性是什么?
32. 什么是带锈底漆?
33. 什么是钝化?
34. 什么是喷射处理?
35. 什么是化学腐蚀?
36. 什么是三防性?
37. 什么是酸洗?

38. 什么是防锈颜料？

39. 防腐蚀涂层作业施工前准备是什么？

40. 干式喷砂法表面处理所用的装置由什么组成？

41. 涂料施工中的缺陷有哪几种？

42. 油罐怎样进行表面预处理？

43. 带锈底漆有哪三种类型？

44. 什么是磷化底漆？

45. 常用的油性涂料有哪几种？

46. 环氧树脂防腐涂料的优点是什么？

47. 环氧树脂防腐涂料的缺点是什么？

48. 什么是聚氨酯防腐涂料？

49. 聚氨酯防腐涂料的特点是什么？

50. 什么是乙烯树脂防腐涂料？

51. 生漆的主要优点是什么？

52. 生漆的主要缺点是什么？

53. 什么是呋喃树脂防腐涂料？

54. 呋喃树脂防腐涂料的优点是什么？

55. 呋喃树脂防腐涂料的缺点是什么？

56. 化学除锈的工艺流程是什么？

57. 瓷板的衬砌怎样进行刷涂底层？

58. 简述水玻璃胶泥衬的酸化处理方法。

59. 简述管道及管件的橡胶衬里操作步骤。

60. 黏结剂、胶浆怎样配制？

61. 涂刷胶浆的方法有哪些？

62. 怎样进行管道及管件的橡胶衬里缺陷的处理？

63. 管道及管件的橡胶衬里的中间检查包括哪两方面？

64. 管道及管件的橡胶衬里怎样进行外观检查？

65. 橡胶硫化加热的介质主要有哪几种？

66. 橡胶硫化有哪四种阶段？

67. 硫化有几种方法？

68. 敞开式喷砂（丸）机械的优点有哪些？

69. 喷砂（丸）除锈使用的磨料如何分类？

70. 喷砂的质量检验有哪些指标？主要用什么方法检验？

六、综 合 题

1. 怎样进行喷砂抛丸除锈？

2. 手工除锈的工艺流程是什么？

3. 借助小型机械除锈时有哪些注意事项？

4. 喷砂（丸）除锈的工作原理是什么？

5. 吸入型喷射器的工作原理是什么?

6. 压出型喷射器的工作原理是什么?

7. 喷丸操作的注意事项有哪些?

8. 脱脂的原理和常用方法分别是什么?

9. 有机溶剂脱脂时的注意事项有哪些?

10. 乳化脱脂时溶剂乳化清洗方法有哪些?

11. 磷化处理有什么要求?

12. 磷化操作方法有哪些?

13. 涂装前表面预处理的酸洗废水有什么危害?

14. 金属表面除锈有哪几种?

15. 简述磁化铁环氧酯防锈底漆的性能。

16. 简述防锈漆的作用。

17. 涂刷货车内墙板 150 m^2 的磁化铁酚醛防锈漆,问需要多少公斤的磁化铁酚醛防锈底漆。(查表已知磁化铁酚醛防锈底漆,每公斤能刷 20 m^2)

18. 涂刷客车内木制件 20 件,共计是 180 m^2 的硝基清漆,问需要硝基清漆多少公斤。(查表已知每公斤硝基清漆能涂刷 22 m^2)

19. 现有油漆 300 g,固体含量为 53.1%,涂刷面积为 3.045 m^2,这漆膜厚度是多少微米?(已知该漆的密度为 1.107 g/cm^3)

20. 论述在金属表面施工涂料的工艺。

21. 简述底材表面处理的作用。

22. 清除铁锈有几种方法?

23. 涂料施工的基本要求是什么?

24. 叙述排沙洞事故门的防腐施工工艺与要求。

25. 管道及管件的橡胶衬里的质量检查标准是什么?

26. 管道及管件的橡胶衬里怎样进行高频火花检测仪检查?

27. 碱液脱脂时喷射清洗的适用范围及优点是什么?

28. 化工企业实施防腐蚀施工作业中,生产厂区十个不准是什么?

29. 化工企业实施防腐蚀施工作业中,项目开工的四项要求是什么?

30. 化工企业实施防腐蚀施工作业中,进入容器、设备的八个必须是什么?

31. 如何解决镀锌过程中镀层出现发花现象?

32. 涂装对被涂物的保护作用是什么?

33. 简述油罐防腐蚀的施工步骤。

34. 对酚醛树脂胶泥固化情况的检查主要从哪两方面进行检查?

35. 油桶存放场地有哪些安全要求?

防腐蚀工(初级工)答案

一、填空题

1. 爆炸和燃烧
2. 化学除锈和机械除锈
3. 改善劳动条件
4. 连续
5. 浸渍法
6. 碱性清洗剂
7. 有机溶剂
8. 碱液的浓度
9. 中性清洗剂
10. 金属
11. 低碳醇
12. 金属氧化物
13. 化学法
14. 喷砂
15. 酸洗
16. 阳极
17. 无机
18. 酸加入水
19. 热水冲洗
20. 防腐性能
21. 基体金属
22. 氧化剂
23. 促进剂
24. 干燥
25. 同时
26. 涂层
27. 硫酸铜点滴
28. 有色金属
29. 表面性能
30. 化学氧化
31. 酸洗
32. 阳极氧化膜
33. 光化处理
34. 机械抛光
35. 碱性溶液
36. 铬酸
37. 封闭或填充
38. 工序
39. 铬酸
40. 溶剂处理
41. 粉末喷涂
42. 底层
43. 结合力
44. 自然
45. 涂层
46. 缺陷
47. 25 mm
48. 20~30℃
49. 吸上式
50. 粗糙度
51. 阴极电泳
52. 刷涂
53. 油水分离器
54. 手工
55. 热塑性
56. 装饰
57. 排污
58. 槽子
59. 浸漆槽
60. 不规则
61. 机械滚涂机
62. 漆刷
63. 硬
64. 木
65. 缺陷
66. 满刮
67. 干
68. 酸洗
69. 底漆
70. 防锈
71. 面漆
72. 干燥
73. 粉末
74. 比例
75. 配料
76. 失光
77. 5~35℃
78. 先进先发放
79. 质量
80. 透明
81. 针孔
82. 起泡
83. 拉丝
84. 阴阳面
85. 不盖底
86. 返铜光
87. 横放
88. 下沉
89. 粗化
90. 回粘
91. 流痕
92. 物理性
93. 霜露
94. 18
95. 附着力
96. 底层和面层
97. 配套使用
98. 调配
99. 底层涂料
100. 电磁波
101. 喷砂法
102. 穿工作服和戴防护手套
103. 皂化和乳化
104. 脱脂时间
105. 涂料施工
106. 擦洗
107. 浸渍法
108. 颜料
109. 溶解
110. 醇
111. 化学腐蚀
112. 酸
113. 基底
114. 铬化
115. 5~10
116. 活泼
117. 硫酸
118. 中和
119. 100
120. 灭火器
121. 树立
122. 融为一体
123. 精诚合作

124. 尽心,尽力,尽职,尽责　　125. 职业道德　　126. 精打细算,精益求精

127. 勤俭节约　　128. 必须　　129. 重要　　130. 检验

131. 灰尘　　132. 排风扇　　133. 环境保护　　134. 电解

135. 非离子表面活性剂　　136. 施工过程中责任制

137. 成分　　138. 辐射热量　　139. 阴极脱脂　　140. 活性游离基

141. 静电　　142. 超滤膜　　143. 自然状态　　144. 电解质溶液

145. 温度　　146. 电偶腐蚀　　147. 微观电池　　148. 去极化作用

149. 阴极保护　　150. 氢氧化钠　　151. 中和　　152. 一

153. 钢　　154. 硫酸　　155. 磁化铁防锈底漆　156. 烃类溶剂

157. 乙醇　　158. pH＝7　　159. H_2SO_4　　160. NaOH

161. CP　　162. 中沸点　　163. 锌黄环氧酯底漆　164. 20％～25％

165. SO_2

二、单项选择题

1. A	2. B	3. C	4. D	5. C	6. A	7. C	8. B	9. B
10. A	11. C	12. D	13. B	14. B	15. D	16. B	17. A	18. A
19. B	20. B	21. D	22. B	23. C	24. C	25. A	26. B	27. A
28. A	29. B	30. B	31. C	32. B	33. D	34. B	35. C	36. B
37. B	38. C	39. C	40. D	41. A	42. A	43. C	44. C	45. A
46. B	47. C	48. A	49. C	50. D	51. A	52. C	53. B	54. B
55. D	56. D	57. B	58. A	59. D	60. C	61. B	62. A	63. A
64. A	65. D	66. D	67. D	68. B	69. C	70. D	71. D	72. D
73. B	74. B	75. C	76. A	77. A	78. A	79. C	80. B	81. D
82. A	83. B	84. A	85. A	86. C	87. B	88. D	89. C	90. A
91. A	92. D	93. D	94. C	95. C	96. C	97. A	98. A	99. B
100. D	101. C	102. D	103. D	104. D	105. A	106. C	107. B	108. B
109. B	110. C	111. A	112. D	113. B	114. D	115. A	116. D	117. D
118. D	119. B	120. C	121. D	122. B	123. A	124. D	125. D	126. B
127. A	128. A	129. B	130. B	131. D	132. B	133. C	134. D	135. C
136. B	137. B	138. B	139. B	140. D	141. D	142. B	143. A	144. A
145. C	146. D	147. C	148. C	149. B	150. D	151. D	152. D	153. C
154. D	155. D	156. C	157. C	158. C	159. B	160. B	161. D	162. D
163. C								

三、多项选择题

1. AB	2. ABC	3. AC	4. ABCD	5. CD	6. ABC	7. BC
8. ABCD	9. BCD	10. CD	11. AC	12. BCD	13. ABCD	14. ABC
15. ABC	16. ABC	17. AC	18. ABCD	19. AB	20. ABCD	21. ACD
22. BC	23. BCD	24. ABCD	25. AB	26. ABD	27. ABC	28. ABCD

29. ABC　　30. ABCD　　31. ABCD　　32. ABCD　　33. ABCD　　34. ABCD　　35. ABCD
36. ABCD　　37. ABC　　38. ABC　　39. ACD　　40. ABCD　　41. ABCD　　42. ABC
43. ABCD　　44. ABC　　45. AB　　46. BC　　47. CD　　48. BD　　49. ABC
50. AB　　51. ACD　　52. ABC　　53. AB　　54. BC　　55. BC　　56. AC
57. AD　　58. ACD　　59. BCD　　60. AD　　61. ABD　　62. ABC　　63. ABCD
64. AC　　65. ABCD　　66. BC　　67. ACD　　68. ABC　　69. ABC　　70. AB
71. AC　　72. ABC　　73. AB　　74. CD　　75. ABD　　76. ABD　　77. ABD
78. ABCD　　79. ABCD　　80. ABD　　81. ACD　　82. AD　　83. ABCD　　84. AC
85. BD　　86. CD　　87. ABCD　　88. ABC　　89. ABCD　　90. ABC　　91. ABC
92. ABCD　　93. ABCD　　94. ABCD　　95. ABCD　　96. ABCD　　97. ABCD　　98. ACD
99. ABD

四、判 断 题

1. √　　2. √　　3. √　　4. ×　　5. √　　6. √　　7. √　　8. √　　9. ×
10. √　　11. √　　12. ×　　13. ×　　14. ×　　15. √　　16. ×　　17. ×　　18. √
19. √　　20. √　　21. √　　22. √　　23. √　　24. √　　25. √　　26. √　　27. √
28. ×　　29. ×　　30. √　　31. √　　32. ×　　33. ×　　34. √　　35. √　　36. √
37. ×　　38. ×　　39. ×　　40. √　　41. √　　42. √　　43. √　　44. √　　45. √
46. √　　47. √　　48. ×　　49. ×　　50. √　　51. √　　52. ×　　53. √　　54. √
55. ×　　56. √　　57. √　　58. √　　59. √　　60. √　　61. √　　62. ×　　63. ×
64. ×　　65. ×　　66. √　　67. √　　68. ×　　69. ×　　70. √　　71. ×　　72. √
73. ×　　74. √　　75. √　　76. ×　　77. ×　　78. √　　79. √　　80. √　　81. ×
82. ×　　83. √　　84. √　　85. √　　86. √　　87. √　　88. √　　89. √　　90. ×
91. ×　　92. √　　93. √　　94. √　　95. √　　96. √　　97. ×　　98. √　　99. ×
100. ×　　101. √　　102. ×　　103. ×　　104. ×　　105. √　　106. √　　107. ×　　108. √
109. √　　110. ×　　111. ×　　112. √　　113. √　　114. √　　115. √　　116. √　　117. √
118. ×　　119. √　　120. √　　121. √　　122. √　　123. ×　　124. ×　　125. √　　126. √
127. √　　128. √　　129. √　　130. √　　131. √　　132. √　　133. √　　134. √　　135. √
136. √　　137. ×　　138. √　　139. √　　140. √　　141. √　　142. √　　143. √　　144. √
145. √　　146. ×　　147. √　　148. √　　149. √　　150. √　　151. √　　152. ×　　153. ×
154. √　　155. ×　　156. √　　157. √　　158. √　　159. ×　　160. ×

五、简 答 题

1. 答:(1)屏蔽作用(1分)。(2)缓蚀钝化作用(2分)。(3)牺牲阳极保护作用(2分)。

2. 答:(1)去氢(2分)。(2)钝化处理(2分)。(3)其他处理(1分)。

3. 答:底漆是油漆系统的第一层(1分),用于提高面漆的附着力(1分)、增加面漆的丰满度(1分)、提供抗碱性(0.5分)、提供防腐蚀功能等(0.5分),同时可以保证面漆的均匀吸收(0.5分),使油漆系统发挥最佳效果(0.5分)。

4. 答:腐蚀抑制性颜料是指颜料加入涂料中去(2.5分),可以降低被涂覆基材的腐蚀(2.5

分)。

5. 答:(1)化学除锈(2.5分)。(2)机械除锈(2.5分)。

6. 答:化学除锈是利用酸对铁锈氧化物的溶解作用进行的酸洗处理(1分)。主要采用盐酸、硫酸、硝酸、磷酸及其他有机酸和氢氟酸的复合酸液(2分)。锈蚀产物中,FeO 易溶解,Fe_3O_4 较难溶解,Fe_2O_3 最难溶解(2分)。

7. 答:手工除锈是利用尖头锤、刮刀、铲刀、钢丝刷、砂布等简单工具来进行作业(2分),工人的劳动强度大,效率低,且除锈不彻底(1分)。手工除锈仅适合于小量作业和局部表面除锈(1分)。也可以借助电动打磨工具来减轻劳动强度,提高工作效率(1分)。

8. 答:(1)角向磨光机(砂轮)(1分)。(2)钢丝刷(1分)。(3)电(风)动针束除锈器(1分)。(4)风动敲锈锤(1分)。(5)齿形旋转除锈器(1分)。

9. 答:(1)敞开式喷砂(丸)机械(2.5分)。(2)自动循环回收式喷砂机(2.5分)。

10. 答:(1)保持酸液清洁(1分)。(2)控制酸洗液浓度(1分)。(3)控制温度(0.5分)。(4)适当搅拌(0.5分)。(5)注意水洗程序(0.5分)。(6)除锈过程必须连续进行(0.5分)。(7)控制时间(0.5分)。(8)注意安全(0.5分)。

11. 答:(1)提高除锈质量(2分)。(2)提高磷化质量(2分)。(3)提高涂层质量(1分)。

12. 答:(1)擦拭法(2分)。(2)喷砂法(2分)。(3)燃烧法(1分)。

13. 答:(1)碱性脱脂(2分)。(2)酸性脱脂(2分)。(3)乳化脱脂(1分)。

14. 答:(1)手工清洗(1分)。(2)浸渍清洗(1分)。(3)喷射清洗(1分)。(4)滚筒清洗(1分)。(5)电解清洗(0.5分)。(6)超声波清洗(0.5分)。

15. 答:适用范围:适用于小批量(2分)或尺寸很大(2分),形状很复杂(1分)的工件。

优点:方法简便灵活,不受条件限制(2分)。碱液浓度和操作温度都不可过高(2分)。应注意防止碱液伤害皮肤和眼角膜(1分)。

16. 答:适用范围:适用于外形复杂(2分),具有封闭内腔(2分)的中、小工件(1分)。

优点:可用高碱度溶液(1分)。不易形成泡沫,故允许含较多的表面活性剂(2分)。设备结构简单,维修方便(1分)。处理时间要求较长,温度也较高(1分)。

17. 答:适用于大量的小的(1分)或轻的工件或空心件(1分)。不适于太薄的和可套合在一起的工件(1分)或表面忌划伤(1分)而又带有夹角、锐边的工件(1分)。

18. 答:适用于各种形状及大小的工件(1分)。可用普通电解槽,在高浓度碱液和在高温下进行清洗(1分)。采用周期换向清洗(1分)可以加速清洗过程(1分)。清洗质量高(1分)。

19. 答:适用范围:适用于有狭缝、盲孔、细螺纹等复杂形状的工件(1分),包括压铸件、精加工件(1分)。优点:可除去难溶解的油污,如抛光、研磨膏、钎焊剂、蜡类、指纹及金属碎屑等(1分)。清洗速度快、效果好(1分)。设备费用较高(1分)。

20. 答:(1)碱液浓度(2分)。(2)脱脂温度(1分)。(3)机械作用(1分)。(4)脱脂时间(1分)。

21. 答:金属(主要指钢铁)经含有锌、锰、铬、铁等磷酸盐(1分)的溶液处理后,由于金属和溶液的界面上发生化学反应(1分),生成主要为不溶或难溶于水的(1分)磷酸盐(1分),使金属表面形成一层附着良好的保护膜(1分),此过程成为磷化。

22. 答:(1)提高耐蚀性(1分)。(2)提高基体与涂层间或其他有机精饰层间的附着力(1分)。(3)提供清洁表面(1分)。(4)改善材料的冷加工性能(1分)。(5)改进表面摩擦性能

(1分)。

23. 答:(1)多孔性(1分)。(2)膜重(1分)。(3)耐蚀性(1分)。(4)与金属工件的结合力(1分)。(5)与涂膜的结合力(0.5分)。(6)绝缘性能(0.5分)。

24. 答:磷化处理一般工艺为:脱脂(0.5分)—热水洗(0.5分)—冷水洗(0.5分)—酸洗(0.5分)—冷水洗(0.5分)—磷化(0.5分)—冷水洗(0.5分)—钝化(0.5分)—冷水洗(0.5分)—去离子水洗(0.5分)—烘干。

25. 答:(1)成膜物质(1分)。(2)改性剂(1分)。(3)促进剂(1分)。(4)降渣剂(1分)。(5)其他添加剂(1分)。

26. 答:主要有磷酸(1分)、磷酸二氢锌(1分)和各种碱系磷酸盐等(1分),主要作用是:与铁反应(1分)生成磷化膜(1分)。

27. 答:电化学脱脂有阴极脱脂(2分)、阳极脱脂(2分)和联合脱脂(1分)三种方法。

28. 答:主要有硝酸盐(0.5分)、亚硝酸盐(0.5分)和过氧化物(1分)等,主要作用是:促进磷化膜生长(1分),减少沉渣(1分)、改善外观等(1分)。

29. 答:有很多种材料可以起到降渣作用(1分),主要有络合剂(如 EDTA)、防垢剂(如聚丙烯酸)和缓蚀剂(1分),其主要作用是吸附铁(1分),使磷化膜结晶致密(1分),提高质量(1分)。

30. 答:酒石酸可以降低膜重(1分),提高药液稳定性(1分);氨基多酸可以增加膜重(1分);多磷酸盐可以降低膜重(1分),节约药剂,减少沉渣(1分)。

31. 答:涂膜抗腐蚀(2分)破坏作用(2分)的能力(1分)。

32. 答:直接涂刷(1分)或喷涂(1分)在带有锈的(1分)金属表面(1分)的防锈底漆(1分)。

33. 答:使金属底材表面(2.5分)产生钝态(2.5分)的过程。

34. 答:利用高速磨料(1分)的射流冲击作用(1分),清理(1分)和粗化底材表面的过程(2分)。

35. 答:化学腐蚀是金属(1分)与干燥空气(1分)、二氧化碳(1分)等非电解质(1分)接触而发生的化学反应产生的腐蚀(1分)。

36. 答:是油漆膜防湿热(2分)、防盐雾(2分)、防霉菌(1分)称为三防性。

37. 答:利用酸液(1分)洗去基底(1分)表面(1分)锈蚀物(1分)和轧制氧化皮(1分)的过程。

38. 答:防锈颜料是具有物理性防锈(2.5分)和化学性防锈(2.5分)的材料。

39. 答:施工前准备包括施工方案(2分)、选择涂料(1分)、工机具准备(1分)、安全措施准备(1分)等。

40. 答:空气压缩机(1分)、缓冲罐(1分)、油水分离器(1分)、喷砂灌(1分)、橡胶管、砂料回收(1分)等部分。

41. 答:流挂(1分)、咬底(0.5分)、渗色(0.5分)、慢干与回黏(0.5分)、表面粗糙(0.5分)、收缩(1分)、针孔(1分)。

42. 答:(1)除去油罐旧保温层附着物(1分)。(2)用碱液清洗罐外表面油污(1分)。(3)清水冲净碱液(1分)。(4)用铜铲去油罐外表面附着不牢的锈皮(2分)。

43. 答:转化型带锈底漆(2分),稳定型带锈底漆(2分),渗透型带锈底漆(1分)。

44. 答:是由聚乙烯醇缩丁醛树脂(1分)、防锈颜料(铬酸盐)(1分)和磷酸(1分)组成的漆,它将表面磷化处理(1分)与涂层的形成同时进行(1分)。

45. 答:(1)油性底漆(2分)。(2)清油(2分)。(3)调和漆(1分)。

46. 答:它具有优良的物理性能(1分),最突出的优点是对金属的附着力很强(1分),耐化学药品(1分)和耐油性(1分)也很好,特别是耐碱性非常好(1分)。

47. 答:缺点为耐候性差(1分),涂膜易粉化(1分)、失光,流平性较差(1分),因环氧树脂自身不能交联固化(1分),所以它必须与固化剂配合使用(1分)。

48. 答:聚氨酯防腐涂料为聚氨基甲酸酯涂料的简称(2分)。其主要成膜物质是由多异氰酸酯(1分)和多羟基化合物(1分)反应制得的高聚物(1分)。

49. 答:主要特点是具有优良的耐腐蚀性(0.5分)、耐酸(0.5分)、耐碱(0.5分)、耐油(0.5分)、耐磨(0.5分)、耐热(0.5分)、涂膜的柔韧性(0.5分)和附着力也较好(0.5分),最高使用温度为150℃(1分)。

50. 答:乙烯树脂防腐涂料是由含乙烯基的单体(1分)聚合(1分)而成的树脂(1分),主要是以聚乙烯(0.5分)、醋酸乙烯(0.5分)、乙烯(0.5分)、丙烯(0.5分)等单体制成的树脂。

51. 答:生漆的主要优点为它具有优良的耐久性(0.5分)、耐酸性(0.5分)、耐水性(0.5分)、在常温下耐油(0.5分)、耐溶剂(0.5分)、耐土壤腐蚀(0.5分)和耐磨(0.5分)等性能良好,其涂膜坚硬光亮(0.5分),附着力较好(0.5分),能在150℃下长期使用(0.5分)。

52. 答:主要缺点是不耐碱(0.5分)和强氧化剂(0.5分),涂膜干燥条件苛刻(0.5分),干燥时间长(0.5分),毒性较大(0.5分),可引起过敏(0.5分)。由于生漆本身含有水分(1分),对金属表面附着力有影响(1分)。

53. 答:呋喃树脂是以糠醛(1分)为主要原料制成的(1分),呋喃树脂防腐涂料就是以呋喃树脂(1分)为主要成膜物质(1分),加入适当的其他树脂、填料、溶剂、增塑剂和固化剂等调配而成(1分)。

54. 答:主要优点是耐蚀性好(1分),耐大多数酸、碱和有机溶剂(1分),耐热性好(1分),可达到180℃,原料来源广(1分),价格低廉(1分)。

55. 答:主要缺点是不耐氧化性物质(1分),性脆(1分),附着力差(1分),酸性固化剂(1分)对基体金属有腐蚀(1分)。

56. 答:酸洗(1分)→水洗(1分)→中和(1分)→流动水冲洗→钝化(1分)→干燥→防锈处理(1分)

57. 答:刷涂底层是在表面处理干燥以后进行(1分),刷涂时一般是由上至下,从一端向中间刷涂一两遍,不得有漏涂(1分),保证涂刷厚度为1 mm左右(1分),干燥24 h后(1分)就可以进行下道工序(1分)。

58. 答:在水玻璃胶泥衬里完工并养护一定时期以后(1分),用刷涂或喷酸的方法(1分)对胶泥缝表面进行酸化处理(1分)。酸化处理通常采用35%~45%硫酸、20%盐酸,每隔6 h刷涂一次,一般不少于4次(1分),酸化至表面无结晶物析出为止(1分)。

59. 答:(1)黏结剂、胶浆的配制(1分)。(2)胶板下料与剪裁(1分)。(3)涂刷胶浆(1分)。(4)缺陷的处理(0.5分)。(5)衬贴胶板(0.5分)。(6)中间检查(0.5分)。(7)硫化(0.5分)。

60. 答:(1)溶剂的选择(2分)。(2)对胶浆板的要求(1分)。(3)胶浆的配比(1分)。(4)配制胶浆(1分)。

61. 答:(1)手工涂刷法(2.5分)。(2)注入涂刷法(2.5分)。

62. 答:(1)堵孔填平法(2.5分)。(2)挂线排气法(2.5分)。

63. 答:(1)外观检查(2.5分)。(2)高频火花检测仪检查(2.5分)。

64. 答:目视检查、测量(1分)各部位尺寸(1分)是否符合图纸设计要求(1分),胶板的搭接缝是否贴压密实(1分),若发现有缺陷及时消除(1分)。

65. 答:(1)饱和蒸汽(2.5分)。(2)热空气(2.5分)。

66. 答:(1)硫化起步(2分)。(2)欠硫化(1分)。(3)正硫化(1分)。(4)过硫化(1分)。

67. 答:(1)间接硫化(2分)。(2)直接硫化(2分)。(3)敞口硫化(1分)。

68. 答:敞开式喷砂(丸)机是敞开式工业化工作环境(1分),特别是油罐或船体除锈(1分)最常用的机械,除锈效率高,钢板表面处理质量好(1分),操作相对简单(1分),但环境污染大,噪声大,磨料回收率低(1分)。

69. 答:喷砂(丸)除锈使用的磨料有很多种类,可用金属丸(0.5分)、碎粒(0.5分)、砂(0.5分)、玻璃(0.5分)、矿渣(0.5分)、塑料(0.5分)及其他材料(0.5分)作为磨料(0.5分)。磨料的种类、硬度、密度、尺寸及形状(0.5分)是决定磨料性能(0.5分)的主要因素。

70. 答:表面清洁度:可采用清洁度对比照片检验(2分)。表面粗糙度:可采用 G 型粗糙度(2分)对比样板或粗糙度仪检验(1分)。

六、综 合 题

1. 答:喷砂(丸)除锈是利用压缩空气(1分)将砂(丸)推(吸)进喷枪(1分),从喷嘴喷出(1分),撞击工件表面使锈层脱落(1分),工作效率高,除锈彻底,除锈等级可选 Sa2.5～Sa3 级(1分),并可减轻工作强度(1分)。喷砂以后工件表面比较粗糙,有利于提高涂膜附着力(1分)。抛丸除锈是靠叶轮在高速转动时的离心力,将铁丸沿叶片以一定的扇形高速抛出,撞击锈层使其脱落(1分)。在除锈的同时,还使得钢件表面被强化(1分),提高耐疲劳性能和抗应力腐蚀性能(1分)。

2. 答:(1)除锈前,首先除去表面各种可见污物(1分),然后用溶剂或清洗剂脱脂(1分)。(2)用钨钢铲刀铲去大面积锈蚀(1分)。(3)用刮刀和钢丝刷除去边角部位锈蚀(1分)。(4)用锉除去焊渣等突出物和各种毛刺(1分)。(5)用砂布和钢丝刷进行清理(1分)。(6)干净抹布也可以用抹布蘸取溶剂(1分)进行清洁并及时涂装底漆(1分)。(7)注意对于尚未失效的韧性涂膜(1分),可予以保留,并用砂布打毛旧漆表面,将涂膜缺损处打磨成斧形,清洁后直接涂漆(1分)。

3. 答:(1)首先将表面油污除去(1分)。(2)在除锈过程中,应按先易后难、先下后上的原则有序进行(1分)。(3)对旧涂层,可以根据具体要求,如允许保留(仅考虑防腐蚀作用时,可保留),使用往复式电动打磨器或砂布打磨露出新表面(1分)。(4)用动力工具除锈前,要先做好配套设施和安全工作准备,包括工具、脚手架、照明和劳动保护等(1分)。(5)对焊缝区、火工烧损区、自然锈蚀区作彻底打磨或呈现金属本色(1分)。(6)使用风(电)动工具前,应仔细检查设备的完好程度,发现损坏或松裂现象,应及时修理或更换,并注意风管的接头是否牢靠(1分)。(7)除锈完毕后,用高压空气或干净抹布及时清理干净,涂上底漆。如果原始表面油污很多时,需用溶剂等进一步脱脂(1分)。(8)机械工具要定期保养,连续使用时,要经常加油,工作完毕做好清洁和维护工作(1分)。(9)为防止砂轮片、齿轮片或钢丝飞溅伤害人体,操作者必须做好劳动保护,如戴防护面罩和防护眼镜等(2分)。

4.答:喷砂和喷丸的原理基本相同(1分),它们是用适当压力的压缩空气(1分),使砂粒或钢丸以每秒几十米的速度喷出(1分),冲击钢铁表面的氧化皮和铁锈层(1分),从而使钢板表面氧化皮和铁锈层被快速清除(1分)。当压缩空气工作压力达到 0.4~0.5 MPa(1分),喷射器喷出的砂粒或钢丸喷射到钢铁表面上时(1分),产生非常大的冲击力和摩擦力(1分),依靠冲击、磨削等作用除锈(1分)。砂粒或钢丸产生的喷射作用是通过喷射器实现的(1分)。

5.答:吸入型喷射器是利用气力引射器的原理(1分),当压缩空气型喷嘴中喷出,使混合室内的自由空气发生引射作用(1分),在混合室中产生负压,吸引集砂器中的砂粒(1分),经吸引管吸入混合室内,在空气喷嘴不断喷射的气流作用下(1分),从工作喷嘴喷出,使砂粒冲击在工件上(1分)。为了在混合室内产生较高的负压(1分),又保证从工作喷嘴中喷出的砂粒具有一定的速度(1分)和冲击力(1分),工作喷嘴的截面积应比压缩空气喷嘴的截面积大 2~3倍(1分)。吸入型喷射器常装配在小型密封喷砂室内使用(1分)。

6.答:喷射时,压力室内的压力与压缩空气管内的压力相同(1分)。压力室内的砂粒或钢丸,在压力和自重的作用下(1分),不断地流入混合室内,由于来自压缩空气管内的横向气流,不断地向喷砂胶管和喷嘴方向流动(1分),使砂粒或钢丸在混合室、喷砂管腔和喷嘴内(1分)与空气充分混合并使磨料获得一定的输送速度至喷嘴出口(1分)。出口处压缩空气迅速膨胀扩散(1分),磨料又一次加速,从而使喷射力大大增加(1分)。压出型喷射器在钢铁构件的除锈方面和浇铸件的清砂(1分)、清理方面(1分)得到了广泛的应用。在开放式的施工现场,最常用的也是压出型喷砂设备(1分)。

7.答:(1)确认喷丸人员与所用的喷枪、喷丸缸和次序、编号(1分)。(2)调整喷砂室除尘系统和转换阀门,使全室处于通风位置(1分)。(3)启动风机时,应按照电气设备的要求,逐级启动,直至投入正常运转(1分)。(4)喷丸工人穿好防护服,戴好防护头盔,手握喷丸胶管,进入喷砂车间,另一工人先将铁丸装满丸缸,代开压缩空气进口阀开始供给呼吸用气。得到要求喷射的信号后,打开总阀(1分)。(5)开启喷丸缸时,先开启压气阀,再微开进气阀,然后打开出丸阀,最后调节进气阀和出丸阀(1分)。(6)喷丸过程中,掌握适合的喷射距离和喷射角度,防止铁丸的飞溅(1分),对环形工件和有底的工件,首先应先喷射底部,然后再射顶部和周围,否则喷射溅落的铁丸在底部汇聚,造成喷射困难(1分)。(7)喷射工作完成时,首先关闭出丸阀,再连续供气几分钟,使管道内剩余的磨料喷完(1分),同时吹净管道后,再关闭进气阀。打开排气阀,将缸内的剩余气体排除,使缸内压力与外界大气压平衡,最后关闭压缩空气进气阀(1分)。(8)喷丸工作结束后,全室通风的风机继续开动 5~10 min,使喷丸车间的含尘气体排净(1分)。

8.答:脱脂的原理主要是利用机械作用(1分)及各种化学物质的溶解、皂化、润湿、渗透(1分)等作用来除去物料表面的油污(1分)。脱脂通常是工件表面处理的第一道工序(1分)。有时对于一些常年浸泡在油脂中的工件,在除锈后仍然需要再次进行脱脂处理(1分)。常用的脱脂方法包括机械法(0.5分)、有机溶剂脱脂(0.5分)、化学脱脂(0.5分)、电化学脱脂(0.5分)、擦拭脱脂(0.5分)、滚筒脱脂(0.5分)和超声波脱脂(0.5分),以及采用油水分离装置来除去油污(0.5分),也可以将以上方法联合使用,以达到更好的效果(1分)。

9.答:(1)部分有机溶剂有剧毒(1分),因此进行脱脂操作时,应在良好的通风条件下进行(1分),严禁在附近吸烟、进食,避免少量气体吸入人体后引起中毒(1分)。(2)当有机溶剂中油污混入量达到 25%(体积分数)后,油污容易污染工件表面,应及时更新溶剂(1分)。(3)进行有机溶剂脱脂时,应避免带水入槽和日光照射(1分)。(4)三氯乙烯要避免与氢氧化钠或水中 pH 值大于 12 的物质接触(1分)。(5)工件进行有机溶剂脱脂处理前要经过彻底干燥,禁止将水分带入有机溶剂(1分)。(6)严禁在脱脂设备附近出现火种及火情(1分)。(7)工件进出脱脂设备时,速度要缓慢,以免产生"活塞效应",把三氯乙烯带出设备(1分)。(8)避免有机溶剂与皮肤接触,以免引起皮肤脱脂而燥裂。若必须接触,应穿工作服和戴防护手套(1分)。

10. 答:钢铁材料采用乳化脱脂时,溶剂乳化清洗方法主要有浸渍法和喷射法两种(1分)。(1)浸渍法是溶剂乳化清洗最常用的方法,只要有足够大的容器和足够量的清洗剂就能实施清洗(1分)。由于此法可以使用较高浓度清洗剂(1分),并使被清洗工件充分暴露在清洗剂中,因而清洗效果好(1分)。且浸渍法对于工件尺寸、形状的限制小,适应性较强(1分)。(2)喷射法的优点是对被清洗工件表面提供机械撞击力、连续冲洗(1分),且由于清洗溶液循环过滤使得工件表面无污物沉积(1分)。其主要缺点是有更多的有机溶剂挥发在空气中(1分),因而要求使用比浸渍法更有效的通风装置(1分)。按照其操作方式有手工喷射和机械喷射两种(1分)。

11. 答:(1)为了获得质量更好更均匀致密的磷化膜,可以采用表面调整的方法(1分),有轻度喷砂和抛丸等机械处理(1分),酸洗和能产生表面吸附作用的表面调整剂(1分)。(2)由于磷化膜薄且多孔,耐蚀性有限(1分),所以在磷化处理后,通常进行钝化(1分),常用的方法是在空气中进行氧化,质量更好的方法是用铬酸盐进行浸泡处理(1分)。(3)磷化后水洗的目的是去掉磷化膜表面吸附的可溶性盐,防止涂膜起泡(1分)。注意要用干净的水进行多次冲洗,尤其是最后一道冲洗必须用去离子水(1分)。(4)水洗后干燥可尽快去除磷化膜中的结晶水,为下道涂装做好准备(1分)。最好采用烘干的方式,对于结构简单、要求不严的工件也可采用简单的自然干燥(1分)。

12. 答:(1)通常采用强酸强碱处理,喷砂、喷丸处理等方法(1分)使表面无油污、无锈蚀,表面状态良好(1分)。其中,喷砂、喷丸效果最好(1分)。(2)根据磷化液的工作温度,分为低温磷化(1分)、中温磷化(1分)和高温磷化(1分)三种。(3)喷射法一般在自动生产线上进行操作。被处理工件经过前道工序处理后,随输送线进入磷化喷射槽(1分),这时应及时起动循环泵,对工件进行磷化处理(1分)。(4)刷涂法是直接将处理液通过手工刷涂(1分)的方式涂到工件上面,达到化学处理的目的(1分)。

13. 答:涂装前表面除锈时常用到硫酸(1分)、硝酸(1分)和盐酸(1分),以它们为主配制成酸溶液(1分),再加入缓蚀剂(1分)或乳化剂等(1分)。在除锈或脱脂时,还会产生大量的冲洗水也含有有毒物质(1分),pH 值呈强酸性(1分),这些废水都将对水质(1分)和生物有极大危害(1分)。

14. 答:有手工除锈法(3分)、机械除锈法(4分)和化学除锈法(3分)三种。

15. 答:磁化铁环氧酯防锈漆抗水性好(1分)、附着力强(1分)、遮盖力好(1分)、防锈性能强(1分)、漆膜硬(1分),并且有良好的配套性(1分),另外,施工方便(1分)、能适应喷涂(1分)、刷涂(1分)、基本无毒等优点(1分)。

16. 答:防锈漆的主要作用是,防止金属表面生锈(1分),特别是钢铁表面(1分),涂刷防锈漆后使金属表面(1分)与大气隔绝(1分),另外在防锈漆内(1分),有防锈剂、缓蚀剂等(1分),使金属产生钝化(1分),阻止外来有害介质(1分)与金属发生化学(1分)或电化学作用

(1分)。

17. 解:已知磁化铁酚醛防锈底漆每公斤能涂 20 m²。

实际计算油漆量＝需要涂刷面积/每公斤能涂刷面积＝150(2分)/20(2分)＝7.5(kg)(6分)

答:需要 7.5 kg 的磁化铁酚醛防锈底漆。

18. 解:已知每公斤醇酸清漆能涂刷 22 m²。

实际计算油漆量＝需要涂刷面积/每公斤能涂刷面积＝180(2分)/22(2分)＝8.18(kg)(6分)

答:需要醇酸清漆 8.18 kg。

19. 解:漆膜厚度＝(油漆实际消耗量×固体含量)/[油漆密度×涂刷面积(m²)]
　　　　　＝(300×53.1%)(2分)/(1.107×3.045)(2分)＝47.3(μm)(6分)

答:漆膜厚度为 47.3 μm。

20. 答:涂料的施工应按照以下程序进行:(1)被涂物表面进行清洁处理(1分)。(2)充分搅拌涂料(1分)。(3)向主剂中添加固化剂(1分)。(4)加入稀释剂并测黏度(1分)。(5)不涂涂料部位,如焊接的接口部位 150 mm 内,要临时保护(1分)。(6)大面积施工前需要对不容易涂装的部位使用刷涂进行涂装(1分)。(7)选择涂装方式(1分)。(8)涂装过程中要随时测量湿膜的厚度(1分)。(9)混合后的涂料必须在混合使用期内使用完毕(1分)。(10)喷涂完毕,将工具和现场清洗干净(0.5分)。(11)根据施工说明书规定的最小涂装间隔后,进行下一度涂料的涂装(0.5分)。

21. 答:(1)提高涂层对材料表面的附着力(1分)。根据吸附理论,物理吸附强度与距离的六次方成反比(1分),所以涂料应该与底材有充分的浸润才能形成良好的涂膜附着(1分)。(2)提高涂层对金属基体的防腐蚀保护能力(1分)。钢铁生锈以后,锈蚀产物中含有很不稳定的铁酸(1分),它在涂层下仍会使锈蚀扩展和蔓延(1分),使涂层迅速破坏而丧失保护功能(1分)。(3)提高基体表面的平整度(1分)。铸件表面的型砂、焊渣及铁锈等严重影响涂层的外观(1分),必须经过合理的表面处理(1分)。

22. 答:清除铁锈和氧化皮的方法有:(1)手工处理(1分):使用砂布、刮刀、锤子、钢丝刷或废砂轮(1分)等工具清除表面污物(1分)。(2)机械处理(1分):用风动刷、除锈枪、电动刷、电动砂轮及针束除锈器(1分)等处理工具。(3)喷砂处理(1分):用机械离心、压缩空气、高压水流等为动力,将磨料砂石或钢丸投射到物体表面(1分)。(4)化学处理(1分):用各种配方的酸性溶液(1分),使之与钢铁表面的铁锈或氧化皮起化学作用来清除锈迹和氧化皮(1分)。

23. 答:(1)良好的附着力和物理机械性能:对钢铁基体或其他被涂物的附着力强(1分),是获得优质重防腐涂料涂层的前提(1分),特别是湿膜附着力优(1分),并具有低的收缩率(1分),适当的硬度、韧性、耐磨性、耐温性能等(1分)。(2)有良好的耐蚀性:包括耐化工大气、水、酸、碱、盐、其他溶剂(1分)等的腐蚀(1分)。(3)有良好的抵抗介质渗透性:重防腐涂料的优异屏蔽作用(1分),要求成膜后,涂层具有尽可能低的水和氧及其他腐蚀因子的渗透性(1分)。(4)有良好的施工性能:涂层达到适当的厚度(涂层越厚,屏蔽作用越好)和结构设计要求(1分)。

24. 答:喷砂:表面清洁度 Sa2.5 级(1分),按照 C 级锈蚀等级照片比较(1分);表面粗糙度中(M)级,用 G 型粗糙度对比样板检验(1分)。

喷锌:(1)厚度检查:涂层最小局部厚度不小于 120 μm,要求喷两遍(1分)。

(2)结合性能检查(1分):切割试验法检验应符合《水工金属结构防腐蚀规范》中的有关规定(1分)。

(3)外观检查:不能有起皮、鼓泡、粗颗粒、裂纹、掉块及其他影响的使用缺陷(1分)。

封闭漆:环氧封闭涂料,设计厚度 80 μm,要求涂两遍(1分)。

中间漆:环氧与铁漆,设计厚度 80 μm,要求涂两遍(1分)。

面漆:氯化橡胶漆,设计厚度 80 μm,要求涂两遍(1分)。

25. 答:(1)用高频火花检测仪全面检查,衬胶层不得有漏电现象(2分)。(2)其胶层与金属表面不得有脱层现象(2分)。(3)常压设备,允许橡胶与金属脱开(起泡)的面积不得大于 20 cm^2,突起高度不得超过 2 mm(2分)。(4)衬里表面不允许有深度超过 0.5 mm 以上的外伤或夹杂物,不得出现裂纹或海绵状气孔(2分)。(5)衬胶层"邵氏 A"硬度检查,硬胶达到 90 以上,软胶达到 60(2分)。

26. 答:外观检查后用高频火花检测仪检查(1分),在检查管道及管件时,火花检测仪探头在距离衬胶层表面 5~10 mm 处移动(1分),不得在胶层上停留(1分),以防衬胶层被高压电击穿(1分)。当探头部分出现明亮的青白色连续火花亮光点(1分),并发出警报声(1分),说明此处应进行处理(1分)。处理后再进行检测(1分),至无火花产生为止(1分)。全部检测无缺陷后,方可进行下道工序(1分)。

27. 答:适用范围:适用于大批量生产(1分)。不适用清洗具有封闭内腔(1分)或形状很复杂的工件(1分)。优点:有强烈的机械作用(1分),清洗效果好(1分)。溶液浓度和处理温度可以较低(1分)。处理时间短,生产效率高(1分)。进行磷化处理时,可获得较细致的结晶膜(1分)。易产生泡沫,需使用低泡沫表面活性剂(1分)。设备较复杂,维修较困难(1分)。

28. 答:(1)加强明火管理,厂区内不准吸烟(1分)。(2)生产区内,不准未成年人进入(1分)。(3)上班时间,不准睡觉、干私活、离岗和干与施工无关的事(1分)。(4)在班前、班上不准喝酒(1分)。(5)不准使用汽油等易燃液体擦洗设备、用具和衣物(1分)。(6)不按规定穿戴劳动保护用品,不准进入防腐蚀施工岗位(1分)。(7)不是自己进行防腐蚀施工的设备、装置、部位和工具不准动用(1分)。(8)未办高处作业证,不系安全带,脚手架、跳板不牢,不准登高作业(1分)。(9)安全防护不齐全,石棉瓦上不固定好的跳板,不准作业(1分)。(10)未安装触电保护器的移动式电动工具,不准动用(1分)。

29. 答:(1)项目开工前,制定安全管理制度及防腐蚀施工项目的安全作业指南或规定,并严格执行(3分)。(2)项目开工前,进行职业培训,按规定取得各种资格(3分)。(3)安全教育不间断,安全要求天天讲,项目开工前,要对全体人员进行安全培训,讲解安全制度、规定和要求(2分)。(4)做好防腐蚀施工的工程档案,真实记录施工过程和安全措施(2分)。

30. 答:(1)必须申请办证,并得到批准(2分)。(2)必须进行安全隔绝(2分)。(3)必须切断动力电,并使用安全灯具(1分)。(4)必须进行置换、通风(1分)。(5)必须按时间要求进行安全分析(1分)。(6)必须佩戴规定的防护用具(1分)。(7)必须有人在器外监护,并坚守岗位(2分)。

31. 答:(1)加强预处理,通过镀前预浸改善工件表面状态(2分),使整个工件表面基本同时放电(1分),从而减轻镀层发花现象(1分)。(2)工件入槽时,先在镀锌溶液中晃动几下(2分),然后再放电(1分)。(3)不要加入未乳化的丙酮(1分)。(4)过滤去除有机杂质加装阴极移动装置(2分)。

32. 答:空气中的水分、酶、碱、盐、微生物(1分)及其他腐蚀性介质(1分)和紫外线(1分)等,易侵蚀产品裸露基体(1分),使其逐步损坏(1分)。产品经涂装后,涂料覆盖在其表面(1分),形成层具有耐腐蚀的(1分)、牢固附着的连续涂层(1分),使基体与腐蚀性介质隔离,从而防止或减缓因腐蚀而引起的损坏(2分)。

33. 答:(1)配置环氧煤沥青带锈底漆(2分)。(2)实施刷涂底漆(2分)。(3)氯磺化聚乙烯涂料的配制(2分)。(4)涂刷面漆(2分)。(5)在油罐进行防腐涂层作业完工后不需加热处理,因所选用的涂料可以不用加热处理,采用常温固化即可(2分)。

34. 答:(1)外观(1分)。经过常温固化或热处理的酚醛树脂胶泥(1分),从外观上观察胶泥的颜色(1分)为粉红色到红棕色为固化完全(1分)。(2)用棉花团蘸丙酮擦拭胶泥表面(1分),检查热处理的酚醛树脂胶泥固化情况(1分),如棉花球上有颜色,被擦拭表面有泛白现象(1分),说明酚醛树脂胶泥固化不完全(1分),若无颜色变化(1分),说明固化完全(1分)。

35. 答:(1)场地坚实平整,高出周围地面0.2 m,有0.005的排水坡度(1分)。(2)存放场四周有排水和水封隔油设施(1分)。(3)闪点低于45℃的易燃油品不宜露天存放,可存放在简易敞篷内。工业汽油、溶剂汽油、灯用煤油等易燃油品(1分),如因条件限制,必须露天存放时,夏天炎热要采取喷淋降温(1分)。(4)油桶存放场的垛长不能超过25 m,宽度不超过15 m(1分)。垛与垛之间的净距不小于3 m,每个围堤内最多4垛,垛与围堤的净距不小于5 m,以便扑救火灾和疏散(1分)。(5)润滑油品卧放时,应双行并列、桶底相对,桶口向外向上(1分),最多不超过3层,层与层之间加垫木(1分)。轻质油品要斜放,桶身倾斜与地面成75°,成鱼鳞式相靠,下加垫木,以防地面水锈蚀油桶(1分)。(6)垛内油桶要排列整齐,二行一排,排与排之间留出1 m通道,便于检查处理(1分)。

防腐蚀工(中级工)习题

一、填空题

1. 标准公差与公差等级和( )有关。

2. 国标规定公差与配合的有关数值均为标准温度( )。

3. 未经验收的工程不得投入生产使用,质量检查应贯彻自检、互检、交接检查及( )相结合的原则。

4. 随着现代社会分工发展和专业化程度的增强,市场竞争日趋激烈,整个社会对从业人员职业观念、职业态度、职业( )、职业纪律和职业作风的要求越来越高。

5. 一条直线或曲线围绕固定轴线旋转而形成的表面,这条直线或曲线通常称为( )。

6. 将钢加热到 Ac3 以上 30~50℃,保温一定时间,然后随炉缓慢冷却,这种退火方法称为( )。

7. 工业生产需要有很大的物资投入,以较少的投入换取较多的产出,这种具有成效的生产劳动是企业发展的( )。

8. 将钢加热到一定的温度,并保温一定的时间,然后缓慢地冷却,这种热处理方法叫( )。

9. 四氧化三铁的化学分子式是( )。

10. 随着原子序数的递增,原子半径由大变小的是( )。

11. 能与碱起反应生成肥皂和甘油的油类叫( )。

12. 具有双层壁的焊接件的表面预处理不宜采用( )。

13. 涂装过程中挥发大量的( ),遇明火易爆炸和燃烧。

14. 露天放置的钢铁设备在雨后表面上积水所产生的腐蚀称为( )。

15. 清除被处理工件的氧化皮,所使用的砂粒标准粒度应该是( )。

16. 形成铁、锰或锌系磷化膜的槽液成分是( )、锰或锌。

17. 用重铬酸钠和( ),按一定比例配制的溶液,可以退除瓷质阳极氧化膜。

18. 防锈底漆应当涂刷在( )表面上。

19. 清洁用的氢氧化物制品残留在铝制结构上对结构的影响是( )。

20. 燃油箱底部容易发生( )。

21. 用不燃性有机溶剂脱脂的方法有( )、浸洗、蒸汽和喷洗等几种。

22. 铝合金大气腐蚀相对湿度大约为( )。

23. 手工打磨与机械打磨相比,手工打磨的效率( )。

24. 不含( )的纯铝或铝合金工件在氧化处理后,得到的氧化膜呈银白色、黄铜色或黄褐色。

25. 为防止砂轮片、齿轮片或钢丝飞溅伤害人体,操作者必须做好( )。

26. 脱脂的原理主要是利用(　　)及各种化学物质的溶解、皂化、润湿、渗透等作用来除去物料表面的油污。

27. 影响钢铁的组织性能的主要化学元素是(　　)。

28. 考察电泳底漆性能的优劣,通常用(　　)试验进行实验室考察。

29. 没有水分参加反应而发生的金属腐蚀现象称为(　　)。

30. 化学除锈是利用酸对铁锈氧化物的溶解作用进行的(　　)。

31. 影响磷化效果的主要因素有(　　)、磷化设备和工艺管理因素、促进剂因素、被处理钢材表面状态。

32. 预硫化橡胶衬里是将预先硫化好的橡胶板用自然硫化胶黏剂贴衬于被保护设备基体上的(　　)。

33. 抛丸线工艺流程是上料、(　　)、抛丸、喷漆、干燥、下料。

34. 生产产品应认真贯彻执行(　　)。

35. 为获得优质的涂层,在涂漆前对被涂物表面进行的一切准备工作称之为(　　)。

36. 涂料覆盖层是利用各种方法将涂料涂覆于被保护的金属或混凝土表面,经固化后形成一层(　　)而得到的非金属覆盖层。

37. 热浸镀是将工件浸入盛有比自身熔点更低的熔融金属槽中,或以一定的速度通过熔融金属槽,使工件涂敷上(　　)覆盖层。

38. 利用化学反应使溶液中的金属离子析出,并在工件表面沉积而获得金属覆盖层的方法叫作(　　)。

39. 聚氨酯防腐涂料为(　　)的简称。

40. 乙烯树脂防腐涂料是含乙烯基的(　　)聚合而成的树脂,主要是以聚乙烯、醋酸乙烯、乙烯、丙烯等单体制成的树脂。

41. 除锈前,首先除去表面各种可见(　　),然后用溶剂或清洗剂进行脱脂。

42. 能溶解溶质的物质称为(　　)。

43. 有性能良好油漆,适宜涂装条件,影响漆膜质量的因素是(　　)。

44. CH_3CH_2-OH 是(　　)。

45. 烧碱的化学分子式是(　　)。

46. 溶剂的沸点在 $100\sim145℃$ 是(　　)溶剂。

47. 氢氧化钠是一种(　　),它是化学脱脂液中的主要成分。

48. 湿喷砂时,水砂的比例应低于10∶2,但一般以控制在(　　)为宜。

49. 铝合金零件产生晶界腐蚀的原因是(　　)。

50. 镁合金零件清除腐蚀的正确方法是使用(　　)。

51. 若被处理工件的表面属于普通表面,则清理时所使用的砂粒标准粒度应该是(　　)。

52. 若被处理工件的表面属于粗糙表面,则清理时所使用的砂粒标准粒度应该是(　　)。

53. 通过改变压缩空气的压力,来改变被喷砂工件表面粗糙度是(　　)喷砂的特点。

54. 后道涂料把前一道涂料的涂膜软化、膨胀,甚至咬起的现象称为(　　)。

55. 喷砂后应达到的表面清洁度质量要求为(　　)级。

56. 金属腐蚀主要有化学腐蚀和(　　)两种。

57. 铁路客、货车抛(喷)丸除锈是用铸铁丸、(　　)等。

58. 铁锈结构是外层较疏松,越向内越(   )密的结构。

59. 钢铁表面氧化皮是(   )的媒介体。

60. 在高温条件下,金属被氧化是(   )反应。

61. 电化学腐蚀过程中有(   )流动。

62. 湿漆膜与空气中氧发生氧化聚合反应叫(   )。

63. 集装箱平板车金属的外层面涂刷蓝色(   )。

64. 软座、硬卧车型用(   )表示。

65. 对车辆最有害的气体是(   )。

66. 海洋大气中的氧离子对金属构件有(   )的作用。

67. 酚醛清漆的干燥成膜是属于(   )。

68. 磁漆、脱漆剂都属于(   )的油漆。

69. 铁路客车管道手阀涂得半黄半蓝的油漆颜色是表示(   )。

70. 铁路客、货车辆钢结构,长期处于潮湿及水的条件下就会遭受到(   )。

71. 涂装过程中产生的三废是(   )。

72. 腻子的涂装方法主要是(   )。

73. 只要了解金属在电解液中的电极电位,即可知道该金属是(   )金属还是惰性金属,就可进一步了解它是否易遭受腐蚀。

74. 涂装前表面除锈以"三酸"即(   )、硝酸、盐酸为主要组分配制的处理液,腐蚀性和毒性极强。

75. 含碱或含酸废水常用(   )法加以治理排放。

76. 车间空气中的甲苯与二甲苯的浓度都不应超过(   )mg/m^3。

77. 涂料施工场所必须配备有足够数量的(   )、砂箱及其他灭火工具,每个涂料施工人员都必须能熟练地使用。

78. 空气喷涂法是油漆利用率(   )的涂装方法。

79. 消除或减弱阳极和阴极的极化作用的电极过程称为(   )或去极化过程。

80. 在金属表面由于存在许多微小的电极而形成的电池叫作(   )。

81. 用耐蚀性能良好的金属或非金属材料覆盖在耐蚀性能较差的材料表面,将基底材料与服饰介质隔离开来,以达到控制腐蚀的目的,这种保护方法叫作(   )。

82. 在腐蚀环境中,通过添加少量能阻止或减缓金属腐蚀的物质使金属得到保护的方法,称为(   )。

83. 我国法定的长度单位是(   )。

84. 基孔制的代号是(   )。

85. 允许尺寸变化的两个界限值叫(   )。

86. 磷化液成膜物质的主要作用是与(   )反应生成磷化膜。

87. 酸洗液的废酸排放对(   )、生物危害最大。

88. 磷化处理液的废液中最有害物质是(   )、重金属盐类。

89. 油漆过程中,操作者出现(   )、头昏、昏迷、疲劳等症状反应就是中毒症状。

90. 电化学腐蚀是指金属和周围的(   )溶液相接触时由于电流作用所产生的腐蚀现象。

91. 用"三钠"即（　　）、碳酸钠和磷酸三钠配制的碱性脱脂剂，脱脂后的冲洗废水具有腐蚀性，必须经处理后排放。

92. 碱液脱脂时（　　）适用于大量的小的或轻的工件或空心件，不适于太薄的和可套合在一起的工件或表面忌划伤而又带有夹角、锐边的工件。

93. 斜视图也可以转平，但必须在斜视图的上方注明（　　）。

94. 假想剖切平面将机件的某处断开，仅画出（　　）的图形，并画上剖面符号，这种图称为剖面。

95. 通过测量得到的尺寸是（　　）。

96. 工作质量是指企业部门为了保证（　　）的标准。

97. 靠近零线的那个偏差称为（　　）。

98. 低温回火所得到的组织是（　　）回火。

99. 制造形状比较复杂，精度比较高，截面比较大的模具，一般采用（　　）。

100. 球墨铸铁是以（　　）后加两组数字来表示。

101. "淬火＋（　　）"称为调质处理。

102. 对地电压小于（　　）以下为低压。

103. 高压无空气喷涂喷枪距工件距离应保持为（　　）cm。

104. 手锤和大锤的锤头多用（　　）制成，并经过淬火处理，以提高其硬度。

105. 全加热矫正是利用钢材在高温下强度降低（　　）提高的原理来达到矫正目的的。

106. 局部加热矫正是利用钢材（　　）的物理特性，来达到矫正目的的。

107. 点状加热的特点是点的周围向中心（　　）。

108. 在工件弯曲时，工件的外层产生裂纹和断裂，这说明此处材料已达到（　　）。

109. 普通碳素结构钢的（　　）是按照化学成分供应的钢。

110. 直线在投影面上的投影（　　）。

111. 喷锌防腐选用的锌丝含锌量应大于（　　）。

112. 能溶于酸，又能溶于碱的物质是（　　）。

113. 化学脱脂方法是利用热碱性溶液的（　　）作用来除去具有皂化性的油脂。

114. 碱液脱脂时影响脱脂效果的工艺因素有碱液浓度、脱脂温度、机械作用、（　　）。

115. 涂装预处理是（　　）过程中重要的一道工序，它关系到涂层的附着力、装饰性和使用寿命。

116. 采用化学脱脂的有（　　）、喷射法和滚筒法等多种。

117. 油漆是由树脂、油料、（　　）、溶剂、辅助材料等五大材料组成。

118. 油漆中加入溶剂是（　　）和稀释油漆中的成膜物。

119. 按溶剂的品种分类：甲醇、乙醇、丙三醇是属于（　　）类，按溶剂的品种分类松节油是属于萜烯类溶剂。

120. 金属腐蚀的种类很多，根据腐蚀过程中的特点，可分为（　　）和电化学腐蚀两大类。

121. 前处理废水中有害物质是（　　）、碱、金属盐和重金属离子等物。

122. 磷化膜除了单独用作金属的防腐覆盖层以外，还常作为涂料的（　　），以提高涂层的使用寿命。

123. 金属钝化又称（　　）。

124. 喷丸除锈工作结束后,全室通风的风机继续开动( )分钟,使喷丸车间的含尘气体排净。

125. 随着原子序数的递减,化学性质变活泼的是( )。

126. 含油量在( )%以下者,为短油度醇酸树脂。

127. 空气中湿度太大时,涂层将会( )。

128. 硫酸铜分子的化学分子式是( )。

129. 相同的元素具有相同的( )。

130. 元素是具有( )一类原子的总称。

131. 考察电泳底漆性能的优劣,通常用耐盐雾性试验进行( )。

132. 车间设计时( )预留安全通道。

133. 涂装材料管理是生产时非常( )的环节。

134. 进厂( )是把住质量关的第一道工序。

135. 涂装车间密封是防止( )进入。

136. 喷漆车间的( )是用来排出漆雾的。

137. 我国对环境保护非常重视,1986 年颁布了《中华人民共和国( )法》,其中对涂装三废排放标准作了明文规定。

138. 电泳涂漆的过程有( ),电泳,电沉积,电渗。

139. 用途最广泛的表面活性剂是( ),也是水基金属清洗剂的主料。

140. 班组经济责任制包括( ),经济责任制,岗位责任制三大责任制。

141. 磷化膜厚度与磷化液的( )和工艺要求有很大的关系。

142. 远红外加热的原理是( )。

143. 电化学脱脂有( )、阳极脱脂和联合脱脂三种方法。

144. 电子束辐射干燥类涂料须含有( )引发剂。

145. 静电喷涂时,除有机械雾化外,还有( )雾化。

146. 国内的电泳超滤技术,其关键在于( )的性能,与国外相比尚有差距。

147. 铁道机车、车辆的金属配件,长期处于空气中,被空气的( )、二氧化硫、硫化氢等酸性化合物所腐蚀损坏。

148. 油漆储存不当造成结皮原因是( )、催干剂加入过多、储存时间过长。

149. 油漆膜表面产生气泡因素有( )、木材表面水分过大、底漆与腻子不干阳光下暴晒。

150. 含碱废水的治理除( )法外,还有一种处理质量较高的方法是化学凝聚法。

151. 工业废水排放浓度规定中,对工业废水划分为两类。其中第( )类废水含有对人体健康将会产生长远影响的有害物质,故不得用稀释方法代替必要的废水处理。

152. 含碳量在 20% 以下的碳合金称为( )。

153. 一般化学除锈液含有氯化钠 4%～5%,硫脲 0.3%～0.5%,( )18%～20% 制成。

154. 铁路客、货车常用防锈底漆是( )。

155. 矿物油、氧化煤油、煤油是属于( )。

156. 表示中性溶液的 pH 值是( )。

157. (　　)化学分子式是硫酸。

158. (　　)化学分子式是烧碱。

159. (　　)符号是表示化学纯的试剂。

160. 对金属锌涂装时底漆应选择(　　)。

161. 全世界每年因腐蚀而损失的钢铁高达钢铁年产量的(　　)。

162. 对有色金属腐蚀危害最严重的气体是(　　)。

163. 20 世纪 80 年代以来,国内大力推广应用的脱脂剂是(　　)。

164. 矿物油在一定条件下与碱形成(　　)。

二、单项选择题

1. 没有(　　)参加反应而发生的金属腐蚀现象称为干蚀。
(A)酸　　　　　　　　(B)水分　　　　　　　　(C)碱　　　　　　　　(D)油脂

2. 合金元素的总含量大于 10% 的钢称为(　　)。
(A)高合金钢　　　　　(B)中合金钢　　　　　(C)低合金钢　　　　　(D)碳素钢

3. 7CrSiMnMoV 是(　　)。
(A)空淬冷作模具钢　　　　　　　　　　　(B)高碳高铬冷模具钢
(C)高碳低合金冷作模具钢　　　　　　　　(D)火焰淬火模具钢

4. 在某些情况下,金属的腐蚀即使没有水分存在也会发生,特别是(　　)情况下,腐蚀很严重。
(A)高温　　　　　　　(B)风吹　　　　　　　(C)雨雪　　　　　　　(D)摩擦

5. 合金元素的总含量大于(　　)的合金钢,称为高合金钢。
(A)5%　　　　　　　　(B)7%　　　　　　　　(C)10%　　　　　　　(D)15%

6. 09CuPTiRe,是(　　)钢。
(A)合金钢　　　　　　(B)高合金结构钢　　　(C)碳素结构钢　　　　(D)低合金结构钢

7. 优质碳素钢中硫、磷的含量不超过(　　)。
(A)0.02%　　　　　　(B)0.04%　　　　　　(C)0.06%　　　　　　(D)0.08%

8. 我国法定的长度单位是(　　)。
(A)公尺　　　　　　　(B)尺　　　　　　　　(C)米　　　　　　　　(D)毫米

9. 英制单位换算关系是(　　)。
(A)1 英尺=10 英寸　　　　　　　　　　　(B)1 英尺=12 英寸
(C)1 英尺=8 英寸　　　　　　　　　　　　(D)1 英寸=100 英丝

10. 标准公差与公差等级和(　　)有关。
(A)基本尺寸　　　　　(B)实际尺寸　　　　　(C)极限尺寸　　　　　(D)尺寸偏差

11. 基孔制的代号是(　　)。
(A)h　　　　　　　　(B)H　　　　　　　　(C)k　　　　　　　　(D)N

12. 未注公差等级为(　　)。
(A)IT5-IT18　　　　　(B)IT6-IT18　　　　　(C)IT7-IT18　　　　　(D)IT8-IT18

13. 国标规定公差与配合的有关数值均为标准温度(　　)。
(A)0℃　　　　　　　(B)+10℃　　　　　　(C)+20℃　　　　　　(D)+28℃

14. 图样上由设计给定的尺寸叫(　　)。

(A)实际尺寸　　　　(B)极限尺寸　　　　(C)公称尺寸　　　　(D)基本尺寸

15. 允许尺寸变化的两个界限值叫(　　)。

(A)极限偏差　　　　(B)极限尺寸　　　　(C)公差　　　　　　(D)上下偏差

16. 在装配图上,表示相互结合的孔与轴配合关系的代号叫(　　)。

(A)公差代号　　　　(B)配合代号　　　　(C)公差　　　　　　(D)表注代号

17. 形位公差中,表示圆度的符号是(　　)。

(A)⌀　　　　　　　(B)◎　　　　　　　(C)○　　　　　　　(D)⊕

18. 未经验收的工程不得投入生产使用,质量检查应贯彻自检、互检、交接检查及(　　)相结合的原则。

(A)安全防火　　　　(B)终检　　　　　　(C)首检　　　　　　(D)专业检查

19. Q235-A 是(　　)。

(A)优质碳素结构钢　　　　　　　　　　(B)普通碳素结构钢

(C)工具钢　　　　　　　　　　　　　　(D)合金钢

20. Q215-A 钢号中,215 表示其(　　)为 215 MPa。

(A)机械强度　　　　(B)抗拉强度　　　　(C)屈服强度　　　　(D)极限强度

21. 磷化液成膜物质的主要作用是与(　　)反应生成磷化膜。

(A)铁　　　　　　　(B)铝　　　　　　　(C)镁　　　　　　　(D)铜

22. 磷化液的成膜物质主要有(　　)、磷酸和各种碱系磷酸盐。

(A)磷酸一氢锌　　　(B)磷酸二氢锌　　　(C)磷酸钠　　　　　(D)氯化钠

23. 假想用剖切平面将机件的某处切断,仅画出断面的图形叫(　　)。

(A)局部剖　　　　　(B)剖视图　　　　　(C)剖面图　　　　　(D)向视图

24. 涂膜(　　)破坏作用的能力是耐蚀性。

(A)抗光照　　　　　(B)抗腐蚀　　　　　(C)抗风沙　　　　　(D)抗电解

25. 利用高速磨料的射流冲击作用,清理和粗化底材表面的过程是(　　)。

(A)喷射处理　　　　(B)氧化处理　　　　(C)磷化处理　　　　(D)喷漆处理

26. (　　)是将预先硫化好的橡胶板用自然硫化胶黏剂贴衬于被保护设备基体上的施工过程。

(A)硫化橡胶衬里成型　　　　　　　　　(B)预硫化橡胶衬里

(C)过硫化橡胶衬里　　　　　　　　　　(D)硫化橡胶衬里粉碎

27. 腐蚀抑制性颜料是指颜料加入涂料中去,可以降低(　　)的腐蚀。

(A)涂料　　　　　　(B)颜料　　　　　　(C)容器　　　　　　(D)被涂覆基材

28. 碱液脱脂时(　　)适用于大量的小的或轻的工件或空心件,不适于太薄的和可套合在一起的工件或表面忌划伤而又带有夹角、锐边的工件。

(A)喷射清洗　　　　(B)浸泡清洗　　　　(C)滚筒清洗　　　　(D)喷淋清洗

29. 漆膜由于其下的金属表面发生(　　)而呈现的疏松线状隆起的现象。

(A)针孔　　　　　　(B)细丝状腐蚀　　　(C)橘皮　　　　　　(D)沉淀

30. 生产产品应认真贯彻执行(　　)质量体系。

(A)EN85075　　　　(B)ISO 9001　　　　(C)GB/T 4863　　　　(D)GB/T 24735

31. 正圆锥底圆直径与圆锥高度之比( )。

(A)比例　　　　(B)锥度　　　　(C)斜度　　　　(D)斜面

32. 一条直线或曲线围绕固定轴线旋转而形成的表面,这条直线或曲线通常称为( )。

(A)轴线　　　　(B)边线　　　　(C)素线　　　　(D)母线

33. 斜视图也可以转平,但必须在斜视图的上方注明( )。

(A)X向视图　　(B)X向旋转　　(C)X-X视图　　(D)X向移位

34. 假想剖切平面将机件的某处断开,仅画出( )的图形,并画上剖面符号,这种图称为剖面。

(A)全部图形　　(B)局部图形　　(C)切断面图形　　(D)半面图形

35. 基本尺寸是( )尺寸。

(A)设计给定的　(B)实际测量的　(C)工艺给定的　(D)最大极限尺寸

36. 通过测量得到的尺寸是( )。

(A)设计尺寸　　(B)工艺尺寸　　(C)实际尺寸　　(D)基本尺寸

37. 允许尺寸变化的两界限值称为( )。

(A)偏差　　　　(B)实际尺寸　　(C)工艺尺寸　　(D)极限尺寸

38. 最大极限尺寸减其基本尺寸所得的代数差称为( )。

(A)尺寸偏差　　(B)上偏差　　　(C)下偏差　　　(D)公差

39. 靠近零线的那个偏差称为( )。

(A)基本尺寸允许的误差　　　　　(B)标准公差

(C)基本偏差　　　　　　　　　　(D)实际偏差

40. $\phi 30 \dfrac{H8}{t7}$ 是( )。

(A)过盈配合　　(B)过渡配合　　(C)间隙配合　　(D)非标配合

41. 锈蚀产物中,( )易溶解。

(A)FeO　　　　(B)Fe_3O_4　　　(C)Fe_2O_3　　　(D)$Al(OH)_3$

42. HRC 是( )代号。

(A)洛氏硬度　　(B)布氏硬度　　(C)维氏硬度　　(D)邵氏硬度

43. 7CrSiMnMoV 属于( )。

(A)冷作模具钢　(B)热作模具钢　(C)结构钢　　　(D)高速钢

44. 钢的淬硬性主要受( )影响。

(A)含碳量　　　(B)含锰量　　　(C)含硫量　　　(D)含磷量

45. 将钢加热到 Ac3 以上 30～50℃,保温一定时间,然后随炉缓慢冷却,这种退火方法称为( )。

(A)正火　　　　(B)完全退火　　(C)球化退火　　(D)去应力退火

46. 低温回火所得到的组织是( )回火。

(A)屈氏体　　　(B)索氏体　　　(C)马氏体　　　(D)贝氏体

47. 产品质量是( )质量。

(A)狭义　　　　(B)广义　　　　(C)工作　　　　(D)使用价值

48. 环境方针(　　)。

(A)可以调整　　　　(B)不能变动　　　　(C)不可以调整　　　　(D)固定不变

49. 碳素工具钢含碳量在(　　)范围内。

(A)0.1%~0.5%　　(B)0.5%~0.7%　　(C)0.7%~1.3%　　(D)1.5%以上

50. 制造形状比较复杂,精度比较高,截面比较大的模具,一般采用(　　)。

(A)碳素工具钢　　(B)合金工具钢　　(C)热作模具钢　　(D)合金结构钢

51. 工业生产需要有很大的物资投入,以较少的投入换取较多的产出,这种具有成效的生产劳动是企业发展的(　　)。

(A)必备前提　　(B)必备条件　　(C)必备因素　　(D)必备素质

52. 45号钢的含硫量应≤(　　)。

(A)0.055%　　(B)0.040%　　(C)0.035%　　(D)0.045%

53. 含碳量大于(　　)并含有较多硅、锰、硫、磷等杂质的铁碳合金叫铸铁。

(A)0.77%　　(B)2.11%　　(C)4.7%　　(D)5.2%

54. 球墨铸铁是以(　　)后加两组数字来表示。

(A)HT　　(B)KT　　(C)QT　　(D)RT

55. 含碳量为0.40%的铸钢牌号是(　　)。

(A)ZG35　　(B)ZG35Ⅰ　　(C)ZG35Ⅱ　　(D)ZG270-500

56. 通常用符号(　　)来表示材料的屈服点。

(A)σ　　(B)σ_b　　(C)σ_s　　(D)τ

57. 布氏硬度用符号(　　)来表示。

(A)HB　　(B)HR　　(C)HV　　(D)HS

58. "淬火+(　　)"称为调质处理。

(A)低温回火　　(B)中温回火　　(C)高温回火　　(D)退火

59. 对地电压小于(　　)以下为低压。

(A)50 V　　(B)110 V　　(C)250 V　　(D)36 V

60. 表达物体形状的基本视图有(　　)。

(A)三个　　(B)四个　　(C)六个　　(D)五个

61. 涂装三要素是(　　)的。

(A)相互依存　　(B)相互独立　　(C)毫无联系　　(D)一样的

62. 防腐用磷化液一般选用(　　)磷化。

(A)铁盐　　(B)锌盐　　(C)锰盐　　(D)钠盐

63. 促进剂浓度一般要求保持在(　　)点。

(A)0~1　　(B)2~3　　(C)10~15　　(D)15~20

64. 抛丸线所用丸粒直径为(　　)毫米。

(A)2~3　　(B)1~2　　(C)0.4~0.6　　(D)0.2~0.3

65. 抛丸线所用压缩空气(　　)。

(A)没有严格要求　　(B)不需处理　　(C)需要干燥、清洁　　(D)随意使用

66. 高压无空气喷涂喷枪距工件距离应保持为(　　)cm。

(A)1~10　　(B)10~15　　(C)20~30　　(D)15~20

67. 与环氧底漆相配套的稀释剂应选用(　　)稀释剂。

(A)环氧　　　　(B)氨基　　　　(C)硝基　　　　(D)苯基

68. 黄色和蓝色二原色相加可得到(　　)。

(A)橙色　　　　(B)绿色　　　　(C)紫色　　　　(D)红色

69. (　　)是以糠醛为主要原料制成的。

(A)酚醛树脂　　(B)硝酸甘油　　(C)呋喃树脂　　(D)聚碳酸酯

70. 在净化废气中,多用(　　)吸附。

(A)活性碳　　　(B)树脂　　　　(C)海棉　　　　(D)石棉

71. 当促进剂浓度太高时,会发生(　　)情况。

(A)无磷化膜　　(B)结晶粗大　　(C)工件挂白　　(D)针孔

72. 喷嘴的型号数字是指其(　　)。

(A)出漆量　　　(B)口径　　　　(C)喷漆展开角　(D)流速

73. 无空气喷涂和空气喷涂相比,油漆损失(　　)。

(A)大　　　　　(B)相等　　　　(C)小　　　　　(D)无关

74. 手指轻触漆膜感到发粘,但漆膜不附在手指上的状态叫作(　　)。

(A)表干　　　　(B)半干　　　　(C)全干　　　　(D)不干

75. (　　)可用作处理污水的絮凝剂。

(A)三氯化铁　　(B)氯化钠　　　(C)氯化钙　　　(D)碳酸钙

76. 圆柱体的侧面是一条(　　)绕轴线旋转一周所形成的回转体。

(A)直线　　　　(B)曲线　　　　(C)平面　　　　(D)圆面

77. 圆球体的表面是由一个(　　)绕轴线旋转一周所形成的回转体。

(A)直线　　　　(B)圆　　　　　(C)曲面　　　　(D)半圆

78. 手锤和大锤的锤头多用(　　)制成,并经过淬火处理,以提高其硬度。

(A)优质碳素钢　(B)碳素工具钢　(C)合金钢工具钢(D)镇静钢

79. 含碳量在(　　)以下的钢称为低碳钢。

(A)0.25%　　　 (B)2.11%　　　 (C)0.6%　　　　(D)0.4%

80. 含碳量大于(　　)的钢,称为高碳钢。

(A)0.25%　　　 (B)0.6%　　　　(C)0.3%　　　　(D)0.5%

81. 优质碳素钢中硫、磷含量均应小于(　　)。

(A)0.25%　　　 (B)2.11%　　　 (C)0.6%　　　　(D)0.4%

82. 呋喃树脂防腐涂料就是以呋喃树脂为主要(　　),加入适当的其他树脂、填料、溶剂、增塑剂和固化剂等调配而成。

(A)溶剂　　　　(B)稀释剂　　　(C)成膜物质　　(D)固化剂

83. 全加热矫正是利用钢材在高温下强度降低(　　)提高的原理来达到矫正目的的。

(A)硬度　　　　(B)韧性　　　　(C)塑性　　　　(D)弹性

84. 局部加热矫正是利用钢材(　　)的物理特性,来达到矫正目的的。

(A)化学变化　　(B)热胀冷缩　　(C)增加强度　　(D)热传导

85. 点状加热的特点是点的周围向中心(　　)。

(A)收缩　　　　(B)热胀　　　　(C)扩散　　　　(D)导热

86.（　　）是在碳素钢的基础上,为了达到某些特殊性能的要求,在冶炼时有目的地加入一些化学元素的钢。

(A)优质碳素结构钢　　　　　　　　　(B)合金钢

(C)碳素工具钢　　　　　　　　　　　(D)镇静钢

87. 依据工作图的要求,用1∶1的比例,按(　　)的原理,把构件画在样台或平板上,画出图样,此图叫放样图。

(A)正投影　　　(B)三视图　　　(C)平行投影法　　　(D)射线投影法

88. "H96"之含义,"H"代表黄铜的黄字,"96"表示黄铜中纯铜的含量为(　　)。

(A)0.96%　　　(B)96%　　　(C)9.6%　　　(D)0.96

89. 用工具钢T7(含碳量0.7%)作錾子,对刃部的热处理方法是先淬火,再立即用本身余热完成(　　)处理。

(A)退火　　　(B)回火　　　(C)正火　　　(D)调质

90. HB200表示硬度值为(　　)。

(A)200牛/毫米^2　　　　　　　　　(B)200公斤/厘米^2

(C)200公斤/毫米^2　　　　　　　　(D)200公斤/分米^2

91. 在热煅时,一般很少直接用温度计测定钢料的加热温度,而是靠观察火色来判断温度的高低,从暗处观察钢加热到(　　)是呈樱红色。

(A)700～800℃　　(B)550～600℃　　(C)800～1200℃　　(D)350～450℃

92. 在工件弯曲时,工件的外层产生裂纹和断裂,这说明此处材料已达到(　　)。

(A)抗拉极限　　　(B)屈服极限　　　(C)抗压极限　　　(D)抗弯极限

93. 普通碳素结构钢的(　　)是按照机械性能供应的钢。

(A)甲类钢　　　(B)特类钢　　　(C)乙类钢　　　(D)丙类钢

94. 普通碳素结构钢的(　　)是按照化学成分供应的钢。

(A)甲类钢　　　(B)特类钢　　　(C)乙类钢　　　(D)丙类钢

95. 将钢加热到一定的温度,并保温一定的时间,然后缓慢地冷却,这种热处理方法叫(　　)。

(A)正火　　　(B)回火　　　(C)退火　　　(D)淬火

96. 英尺与英寸的换算公式应该是(　　)。

(A)1英尺=10英寸　　　　　　　　　(B)1英尺=8英寸

(C)1英尺=12英寸　　　　　　　　　(D)1英尺=6英寸

97. 乙炔是一种有机气体,其化学分子式正确的应该是(　　)。

(A)CH_4　　　(B)CH_3　　　(C)C_2H_4　　　(D)C_2H_2

98. 空间点的投影,在投影面上(　　)。

(A)直线　　　　　　　　　　　　　(B)仍是点

(C)可以是直线可以是点　　　　　　(D)平面

99. 直线在投影面上的投影(　　)。

(A)仍是直线　　　　　　　　　　　(B)是点

(C)可以是直线,可以是点　　　　　(D)平面

100. 安全电压通常是指人体不戴任何防护设备而接触带电体时,对人没有危险时带电体

的电压一般为(　　)。

(A)220 V　　　　(B)110 V　　　　(C)36 V　　　　(D)380 V

101. 喷锌防腐选用的锌丝含锌量应大于(　　)。

(A)99.5%　　　　(B)99.95%　　　　(C)99.9%　　　　(D)99.99%

102. 下列各式中,正确表示硫酸铜与氢氧化钠反应的化学方程式是(　　)。

(A)$CuSO_4 + 2NaOH = Cu(OH)_2\downarrow + Na_2SO_4$

(B)$CuSO_4 + NaOH = Cu(OH)_2\downarrow + Na_2SO_4$

(C)$CuSO_4 + 2NaOH = Cu(OH)_2\downarrow + Na_2SO_4$

(D)$CuSO_4 + 2NaOH = CuOH + Na_2SO_4$

103. 下列酸液中,酸性最强的是(　　)。

(A)H_4SiO_4　　(B)H_3PO_4　　(C)$HClO_4$　　(D)$HClO$

104. 既能溶于酸,又能溶于碱的物质是(　　)。

(A)Fe_2O_3　　(B)MgO　　(C)$Al(OH)_3$　　(D)SiO_2

105. 呋喃树脂防腐涂料的优点是耐蚀性好,耐大多数酸、碱和有机溶剂,耐热性好,可达到(　　)。

(A)380℃　　(B)280℃　　(C)180℃　　(D)80℃

106. 考察电泳底漆性能的优劣,通常用(　　)试验进行实验室考察。

(A)硬度　　(B)耐盐雾性　　(C)膜厚　　(D)泳透力

107. 下面方法中,能使涂膜减少锈蚀的有(　　)。

(A)处理底层后不需用底漆　　(B)不管底材如何,喷涂较厚涂膜

(C)金属表面未经处理,直接喷涂防锈漆　　(D)金属底材一定要完全除锈并涂装底漆

108. 下列说法正确的是(　　)。

(A)空气是一种元素　　(B)空气是一种化合物

(C)空气是几种化合物的混合物　　(D)空气是几种单质和几种化合物的混合物

109. NO_2的读法是(　　)。

(A)一氮化二氧　　(B)二氧化一氮　　(C)二氧化氮　　(D)一氮二氧

110. 四氧化三铁的化学分子式是(　　)。

(A)O_4Fe_3　　(B)Fe_3O_3　　(C)Fe_3O_4　　(D)$4O3Fe$

111. $Ca(OH)_2$相对分子质量的计算方法是(　　)。

(A)$(40+16+1)\times2$　　(B)$40+(16+1)\times2$

(C)$40+16+1\times2$　　(D)$40\times(6+1)\times2$

112. 元素是具有(　　)一类原子的总称。

(A)相同质量　　(B)相同中子数　　(C)相同核电荷数　　(D)相同电子数

113. 关于分子和原子,下列说法正确的是(　　)。

(A)物质都是由原子构成的　　(B)物质都是由分子构成的

(C)物质不都是由分子或原子构成的　　(D)物质是由分子或原子构成的

114. 关于原子的组成下列说法正确的是(　　)。

(A)原子包含原子核和电子

(B)原子核不能再分

(C)原子核不带电

(D)电子没有质量,因此一个原子中有无数个电子

115. 相同的元素具有相同的(　　　)。

(A)中子数　　　　　(B)核电荷数　　　　　(C)原子数　　　　　(D)分子数

116. 硫酸铜分子的化学分子式是(　　　)。

(A)$CuSO_4$　　　　(B)$cuSO_4$　　　　(C)$CUSO_4$　　　　(D)$CuSO_4$

117. 空气中湿度太大时,涂层将会(　　　)。

(A)露底　　　　　(B)流挂　　　　　(C)发白　　　　　(D)橘皮

118. 表面粗糙度高度参数(　　　),参数值前可不标注参数代号。

(A)轮廓算术平均偏差 Ra　　　　　　　(B)轮廓微观不平度十点高度 Rz

(C)轮廓最大高度 Ry　　　　　　　　　(D)上、下限

119. 二氧化碳分子中,碳的质量：氧的质量＝(　　　)。(碳的相对分子质量为 12,氧的相对分子质量为 16)

(A)2：3　　　　(B)3：8　　　　(C)4：5　　　　(D)3：7

120. 一个原子的质量数是由(　　　)决定的。

(A)质子数＋电子数　　　　　　　　　　(B)电子数＋中子数

(C)质子数＋中子数　　　　　　　　　　(D)质子数＋中子数＋电子数

121. 关于电子的排布规律,下列说法正确的是(　　　)。

(A)在同一个原子中,不可能有运动状态完全相同的两个电子同在

(B)核外电子总是尽先占能量最高的轨道

(C)在同一电子亚层中的各个轨道上,电子的排布将尽可能分占不同的轨道,而且自旋方向相同

(D)核外电子总是尽先占能量最低的轨道

122. 随着原子序数的递增,原子半径由大变小的是(　　　)。

(A)碱金属　　　　(B)卤素　　　　(C)同一族的元素　　　(D)同一周期的元素

123. 含油量在(　　　)以下者,为短油度醇酸树脂。

(A)40%　　　　(B)80%　　　　(C)20%　　　　(D)50%

124. 随着原子序数的递增,化学性质变活泼的是(　　　)。

(A)碱金属　　　　(B)卤素　　　　(C)同一族的元素　　　(D)同一周期的元素

125. 随着原子序数的递减,化学性质变活泼的是(　　　)。

(A)碱金属　　　　(B)卤素　　　　(C)同一族的元素　　　(D)同一周期的元素

126. 关于元素周期表下列说法正确的是(　　　)。

(A)七个周期中的元素数是相同的　　　　(B)各个族中的元素数是相同的

(C)所有的周期都是完全的　　　　　　　(D)表中有长周期

127. 铝合金件若采用铆钉连接时(　　　)。

(A)对铆钉孔和埋头窝先作"阿罗丁"处理,涂底漆,然后湿装铆钉

(B)对铆钉孔和埋头窝先作"帕科"处理,涂底漆,然后湿装铆钉

(C)对铆钉孔和埋头窝先作"帕科"处理,涂底漆,直接打钢铆钉

(D)对铆钉孔和埋头窝先作"阿罗丁"处理,涂底漆,直接打钢铆钉

128. 采用化学脱脂的有( )、喷射法和滚筒法等多种。

(A)抛丸 (B)喷砂 (C)浸渍法 (D)打磨

129. 简称 65 铌的钢是( )。

(A)6W6Mo5Cr4V (B)6Cr4W3Mo2VNb

(C)6CrW2Si (D)W6MoCr4V2

130. 铁路客、货车辆所用防锈底漆的主要防锈颜料是( )。

(A)铁红 (B)红丹 (C)磁化铁 (D)铝粉

131. 能溶解溶质的物质称为( )。

(A)溶剂 (B)催干剂 (C)添加剂 (D)固化剂

132. 为获得优质涂层,在涂漆前对被涂物表面进行的一切准备工作,称为( )。

(A)喷砂 (B)抛丸 (C)打磨 (D)漆前表面处理

133. 含碳量在 20% 以下的碳合金称为( )。

(A)铁 (B)钢 (C)铜合金 (D)铝

134. 一般化学除锈液含有氯化钠 4%～5%,硫脲 0.3%～0.5%,( )18%～20% 制成。

(A)硫酸 (B)碳酸 (C)水 (D)盐酸

135. 镇静钢、沸腾钢、半镇静钢是按( )分类的钢。

(A)脱氧程度 (B)钢的质量 (C)钢的用途 (D)化学成分

136. 软硬座车的车型标记是( )。

(A)YZ (B)YW (C)RZ (D)RYZ

137. 工作质量是指企业部门为了保证( )的标准。

(A)工艺性能 (B)产品质量 (C)使用年限 (D)企业管理

138. ( )是增大钢的冷脆性的杂质之一。

(A)硫 (B)磷 (C)硅 (D)锰

139. 当前我国铁路工厂生产的 25K 型客车所用的防锈底漆是( )。

(A)酚醛磁化铁防锈底漆 (B)沥青底漆

(C)醇酸红丹防锈底漆 (D)磷酸锌环氧(聚氨酯)底漆

140. 矿物油、氧化煤油、煤油是属于( )。

(A)酯类溶剂 (B)烃类溶剂 (C)醇类溶剂 (D)醛类溶剂

141. CH_3CH_2-OH 是( )。

(A)乙醇 (B)甲醇 (C)丁醇 (D)乙烯

142. 表示中性溶液的 pH 值是( )。

(A)pH=7 (B)pH<7 (C)pH>7 (D)pH=0

143. ( )化学分子式是硫酸。

(A)HCl (B)H_2SO_4 (C)HNO_3 (D)H_2S

144. ( )化学分子式是烧碱。

(A)$Ca(OH)_2$ (B)NaOH (C)$Mg(OH)_2$ (D)$Fe(OH)_2$

145. ( )符号是表示化学纯的试剂。

(A)GR (B)AR (C)LK (D)CP

146.（　　）指磷化液中游离酸和总酸浓度比值。

(A)酸化　　　　　(B)磷化　　　　　(C)酯化　　　　　(D)还原度

147. 对金属锌涂装时底漆应选择（　　）。

(A)铁红醇酸底漆　　　　　　　　　(B)铁红酯胶底漆

(C)锌黄环氧酯底漆　　　　　　　　(D)过氯乙烯底漆

148. 全世界每年因腐蚀而损失的钢铁高达钢铁年产量的（　　）。

(A)0.1%～0.5%　(B)1%～5%　　(C)20%～25%　(D)30%～35%

149. 对有色金属腐蚀危害最严重的气体是（　　）。

(A)SO_2　　　　(B)H_2O　　　　(C)CO_2　　　　(D)H_2

150. 露天放置的钢铁设备在雨后表面上积水所产生的腐蚀称为（　　）。

(A)缝隙腐蚀　　　(B)积液腐蚀　　　(C)沉积物腐蚀　　(D)氧化腐蚀

151. 能与碱起反应生成肥皂和甘油的油类叫（　　）。

(A)皂化油　　　　(B)非皂化油　　　(C)矿物油　　　　(D)石油

152. 20 世纪 80 年代以来,国内大力推广应用的脱脂剂是（　　）。

(A)水基清洗剂　　(B)碱液处理剂　　(C)有机溶剂　　　(D)酸液处理剂

153. 氢氧化钠是一种（　　）,它是化学脱脂液中的主要成分。

(A)碱性盐类　　　(B)强碱　　　　　(C)强酸　　　　　(D)弱酸

154. 矿物油在一定条件下与碱形成（　　）。

(A)皂化液　　　　(B)乳化液　　　　(C)胶体溶液　　　(D)透明液

155. 若被处理工件的表面属于普通表面,则清理时所使用的砂粒标准粒度应该是（　　）。

(A)30～40 目　　(B)60～80 目　　(C)120～220 目　(D)100～120 目

156. 若被处理工件的表面属于粗糙表面,则清理时所使用的砂粒标准粒度应该是（　　）。

(A)30～40 目　　(B)60～80 目　　(C)120～220 目　(D)100～120 目

157. 清除被处理工件的氧化皮,所使用的砂粒标准粒度应该是（　　）。

(A)600～700 目　(B)180～200 目　(C)320～400 目　(D)30～40 目

158. 涂漆前必须彻底清除腐蚀产物,腐蚀产物的特性是（　　）。

(A)少孔盐类、吸潮性强　　　　　　(B)多孔盐类、吸潮性强

(C)多孔盐类、吸潮性弱　　　　　　(D)少孔盐类、吸潮性弱

159. 具有双层壁的焊接件的表面预处理不宜采用（　　）。

(A)干喷砂　　　　(B)水-气喷砂　　(C)湿喷砂　　　　(D)气喷砂

160. 湿喷砂时,水砂的比例应低于 10：2,但一般以控制在（　　）为宜。

(A)3：7　　　　　(B)7：3　　　　　(C)7：2　　　　　(D)4：6

161. 硫酸除锈液中,缓蚀剂的用量应控制在（　　）左右。

(A)0.1～0.3 g/L　(B)1～3 g/L　　(C)10～30 g/L　(D)100～300 g/L

162. 磷化膜的厚度一般控制在（　　）的范围内。

(A)0.05～0.15 μm　　　　　　　　(B)0.5～1.5 μm

(C)5～15 μm　　　　　　　　　　(D)50～150 μm

163. 形成铁、锰或锌系磷化膜的槽液成分是( )、锰或锌。

(A)磷酸锌 　　(B)硫酸锌 　　(C)磷酸钙 　　(D)磷酸锰

164. 形成锌和铁系磷化膜的槽液成分是磷酸铁和( )。

(A)磷酸锌 　　(B)磷酸锰 　　(C)磷酸钙 　　(D)磷酸钡

165. 亚硝酸钠和硝酸钠可作为钢铁工件发蓝处理时的( )。

(A)氧化剂 　　(B)络合剂 　　(C)活性剂 　　(D)还原剂

166. 在金属表面由于存在许多微小的电极而形成的电池叫作( )。

(A)原电池 　　(B)锂电池 　　(C)金属电池 　　(D)微电池

167. ( )腐蚀是由于金属表面的电化学不均匀性所引起的自发而又均匀的腐蚀。

(A)原电池 　　(B)微电池 　　(C)絮状 　　(D)孔

168. 消除或减弱阳极和阴极的极化作用的电极过程称为( )。

(A)碱化 　　(B)阴极极化 　　(C)阳极极化 　　(D)去极化作用

169. 涂装过程中挥发大量的( ),遇明火易爆炸和燃烧。

(A)酸 　　(B)碱 　　(C)溶剂蒸气 　　(D)水蒸气

170. 为防止砂轮片、齿轮片或钢丝飞溅伤害人体,操作者必须做好( )。

(A)清洁 　　(B)工艺准备 　　(C)工具管理 　　(D)劳动保护

171. 车间废水呈酸性溶液,其 pH 值( )7。

(A)大于 　　(B)等于 　　(C)小于 　　(D)不是

172. 把 abcd 四块金属片浸泡在稀 H_2SO_4 溶液中,用导线两两相连,可以组成各种原电池,若 ab 相连,a 为负极;cd 相连时,c 为负极;ac 相连时,c 为正极;bd 相连时,b 为正极,则这四种金属的活动性顺序(由强到弱的顺序)为( )。

(A)a＞b＞c＞d 　　(B)a＞c＞d＞b 　　(C)c＞a＞b＞d 　　(D)b＞d＞c＞a

173. 下列叙述的方法不正确的是( )。

(A)金属的电化学腐蚀比化学腐蚀更普遍 　　(B)用铝质铆钉铆接铁板,铁板易被腐蚀

(C)钢铁在干燥空气中不易被腐蚀 　　(D)用牺牲锌块的方法来保护船身

174. 防腐蚀施工用料的计算是以( )为依据,根据预算定额或经验来估算工程的用料量。

(A)施工图 　　(B)技术方案 　　(C)单位估价表 　　(D)费用标准

175. 对发生事故的"四不放过"原则( )。

(A)事故原因分析不清不放过;责任人未受处分不放过;没有制定出防范措施不放过;领导责任不清不放过

(B)领导责任不查清不放过;责任人未受处分不放过;事故责任者和群众没有受到教育不放过;没有制定出防范措施不放过

(C)事故原因分析不清不放过;事故责任者和群众没有受到教育不放过;没有制定出防范措施不放过;责任人未受处分不放过

(D)事故原因分析不清不放过;责任人未受处分不放过;事故责任者和群众没有受到教育不放过;没有制定出防范措施不放过

三、多项选择题

1. 喷锌层表面外观检查不能有的缺陷是（　　）。
(A)起皮　　　　　　(B)鼓包　　　　　　(C)粗颗粒　　　　　　(D)裂纹

2. 用（　　）按一定比例配制的溶液,可以退除瓷质阳极氧化膜。
(A)磷酸　　　　　　(B)硫酸　　　　　　(C)草酸　　　　　　(D)重铬酸钠

3. 影响磷化效果的主要因素有（　　）。
(A)磷化工艺参数　　　　　　　　　(B)磷化设备和工艺管理因素
(C)促进剂因素　　　　　　　　　　(D)被处理钢材表面状态

4. 表面处理有（　　）两大类。
(A)机械处理法　　　(B)化学处理　　　(C)碱蚀处理法　　　(D)时效处理法

5. 采用化学脱脂的有（　　）等多种方法。
(A)抛丸　　　　　　(B)喷射法　　　　　(C)浸渍法　　　　　(D)滚筒法

6. 碱性乳化脱脂有（　　）两种方法。
(A)手工处理法　　　(B)打磨　　　　　　(C)喷射法　　　　　(D)浸渍法

7. 一般化学除锈液含有（　　）制成。
(A)氯化钠 $4\%\sim5\%$　　　　　　　　(B)硫脲 $0.3\%\sim0.5\%$
(C)硫酸 $18\%\sim20\%$　　　　　　　　(D)盐酸 $18\%\sim20\%$

8. 有性能良好油漆,影响漆膜质量的因素是（　　）。
(A)操作技术水平　　(B)表面处理　　　(C)适宜涂装条件　　(D)温度

9. 属于烃类溶剂的是（　　）。
(A)矿物油　　　　　(B)氧化煤油　　　　(C)煤油　　　　　　(D)氢氧化钠

10. 能与碱起反应生成（　　）的油类叫皂化油。
(A)肥皂　　　　　　(B)甘油　　　　　　(C)矿物油　　　　　(D)石油

11. 若被处理工件的表面属于粗糙表面,则清理时所使用的砂粒标准粒度应该是（　　　）;
普通表面,则应该是（　　）。
(A)30～40 目　　　(B)60～80 目　　　(C)120～220 目　　(D)100～120 目

12. 具有双层壁的焊接件的表面预处理应采用（　　）。
(A)干喷砂　　　　　(B)水-气喷砂　　　(C)湿喷砂　　　　　(D)气喷砂

13. 形成铁、锰或锌系磷化膜的槽液成分是（　　）。
(A)磷酸锌　　　　　(B)硫酸锌　　　　　(C)锰或锌　　　　　(D)磷酸锰

14. 形成锌和铁系磷化膜的槽液成分是（　　）。
(A)磷酸锌　　　　　(B)磷酸铁　　　　　(C)磷酸钙　　　　　(D)磷酸钡

15. 可作为钢铁工件发蓝处理时的氧化剂的是（　　）。
(A)亚硝酸钠　　　　(B)氢氧化钠　　　　(C)硝酸钠　　　　　(D)氯化钠

16. 高纯铝-镁合金的电化学抛光液是由（　　）组成的。
(A)磷酸　　　　　　(B)硝酸　　　　　　(C)盐酸　　　　　　(D)铬酐

17. 用（　　　）按一定比例配制成的碱性氧化液,可用于铝及铝合金工件的化学氧化处理。
(A)碳酸钠　　　　　(B)铬酸钠　　　　　(C)苛性钠　　　　　(D)硝酸钠

18. 用( )按一定比例配成的溶液,可以进行铝及铝合金工件的铬酸盐氧化处理。

(A)铬酐 (B)氢氧化钠 (C)氟化钠 (D)重铬酸钠

19. 镁合金工件在由( )组成的溶液中进行化学氧化处理时,所得到的氧化膜呈现金黄色到深棕色。

(A)重铬酸钾 (B)铬酐 (C)硫酸氨 (D)醋酸

20. 镁合金工件在由( )组成的溶液中进行化学氧化处理时,所得到的氧化膜呈现深褐色到黑色。

(A)醋酸 (B)重铬酸钠 (C)硫酸钠 (D)铬酐

21. 可调整钛及钛合金工件阳极化溶液的 pH 值的是( )。

(A)氢氧化铵 (B)磷酸三钠 (C)硫酸 (D)磷酸

22. 黑色金属的除锈方法有( )。

(A)手工除锈法 (B)机械除锈法

(C)喷丸或喷砂除锈 (D)抛丸除锈法

23. 产品涂装前的表面状态应该具有( )表面。

(A)非常光滑的 (B)无锈蚀、无油污但相当粗糙的

(C)一定的平整度 (D)允许的粗糙度

24. 下面四种说法错误的是( )。

(A)在合金钢构件上使用铝合金铆钉,合金钢构件易产生电偶腐蚀

(B)两种金属之间电位差越大,两者相接触时,电位低的金属越容易腐蚀

(C)在合金钢构件上使用铝合金铆钉铆接,会形成大阳极小阴极现象

(D)在铝合金构件上使用合金钢紧固件,会形成大阴极小阳极现象

25. 下面四种说法正确的是( )。

(A)工业大气中的 SO_2 对金属构件有腐蚀变化

(B)海洋大气中的氧离子对金属构件有催化腐蚀的作用

(C)海洋大气中的氧离子含量与距海洋的距离无关

(D)飞机在高空飞行时,机身内部会形成冷凝水

26. 一般设备衬胶采用( )方法进行贴衬。

(A)热熔法 (B)压轮滚压法 (C)热贴法 (D)热贴滚压法

27. 不能引起铝合金零件产生晶界腐蚀的是( )。

(A)热处理不当 (B)不同金属相接触

(C)装配不当 (D)铬酸锌底漆未干就涂了面漆

28. 下列金属中,腐蚀物为白色或灰色粉末的有( )。

(A)镁及其合金 (B)铝及其合金 (C)钛及其合金 (D)镍及其合金

29. 三原色是由红、( )色组成。

(A)兰 (B)绿 (C)黄 (D)白

30. 涂装预处理是涂料施工过程中重要的一道工序,它关系到涂层的( )。

(A)附着力 (B)装饰性 (C)使用寿命 (D)尺寸

31. ( )二原色相加可得到绿色。

(A)黄色 (B)红色 (C)紫色 (D)蓝色

32. 原电池的构成条件有(　　　)。

(A)电极材料由两种活性不同的金属或由一种金属与一种其他导电的材料(非金属或某些氧化物)

(B)两电极必须进浸泡在电解质溶液中浸洗

(C)两电极之间有导线相连,形成闭合回路蒸汽

(D)将化学能转化为电能

33. 机、客、货车内外表面抛丸(喷丸)处理是为了清除(　　　)等。

(A)锈垢　　　　　　　(B)旧漆皮　　　　　　(C)油漆　　　　　　(D)灰尘

34. 在衬胶过程中主要有(　　　)等几种结构方式。

(A)胶板黏结方式　　　　　　　　　　　(B)法兰处胶板的结构方式

(C)花板孔胶板的黏结方式　　　　　　　(D)物料进出口胶板黏结方式

35. 下列描述正确的是(　　　)。

(A)从零件的生产到产品的组装,不仅质量符合标准,还需要精打细算

(B)搞好自己的本职工作,不需要学习与自己生活工作有关的基本法律知识

(C)勤俭节约是劳动者的美德

(D)企业职工应自觉执行本企业的定额管理,严格控制成本支出

36. 以下说法正确的是(　　　)。

(A)去除动、植物油污,使用碱性清洗剂效果较好

(B)有色金属产品及有色金属与非金属压合的制件,使用有机溶剂脱脂最合适

(C)化学除锈在工厂里习惯称之为酸洗

(D)去除铝及铝合金表面的油污,通常可采用中性清洗剂或盐和水

37. 涂装前处理即涂装前对工件表面(　　　)等污垢物进行彻底清洗的工序,使涂装粉体与金属表面结合牢固、附着力强,从而使产品获得高品质,延长产品的使用寿命。

(A)氧化皮　　　　　　(B)铁锈　　　　　　(C)油脂　　　　　　(D)尘土

38. 涂装前处理也叫(　　　)。

(A)喷漆前处理　　　　(B)表面喷砂处理　　　(C)干燥　　　　　　(D)涂装打磨处理

39. 预硫化橡胶衬里大面积脱落的原因有(　　　)。

(A)胶浆失效　　　　　　　　　　　　　(B)前处理不彻底

(C)硫化时蒸汽突然停止　　　　　　　　(D)未及时放空蒸汽,造成真空

40. 预硫化橡胶衬里衬层裂缝的原因是(　　　)。

(A)衬板过期,时间较长已老化　　　　　(B)衬胶后,冬季放于室外冻裂

(C)硫化时间过长,过硫化　　　　　　　(D)衬胶时烙铁过热,胶板受力伸张过大

41. 涂装前处理包括(　　　)、氧化、手工打磨、水洗等。

(A)喷砂　　　　　　　(B)除油　　　　　　(C)除锈　　　　　　(D)磷化

42. 下列说法正确的是(　　　)。

(A)化学腐蚀是金属与环境介质直接发生化学反应而产生的腐蚀

(B)化学腐蚀过程中有电流产生

(C)高温会加速化学腐蚀

(D)如果腐蚀产物很致密、能形成保护膜,减慢腐蚀速度,甚至使腐蚀停止下来

43. 下列方法中,能在铝合金表面形成氧化膜的是(　　)。
(A)阳极化法形成　　　　　　　　(B)涂"阿罗丁"的方法形成
(C)制作包铝层方法形成　　　　　　(D)用帕科药水浸涂

44. 下列说法错误的是(　　)。
(A)生成钝化层的金属易产生点腐蚀
(B)易生成氧化膜或钝化层的金属容易产生缝隙腐蚀
(C)缝隙越宽越容易产生缝隙腐蚀
(D)产生缝隙腐蚀,不需要缝隙中存在腐蚀介质

45. 预硫化橡胶衬里接缝处开裂的原因是(　　)。
(A)压贴不实　　　(B)胶板老化过期　　　(C)胶板不清洁　　　(D)有污物影响粘贴

46. 下列论点正确的是(　　)。
(A)用 5052 铝合金铆钉铆接镁合金板将不发生电化腐蚀
(B)用钢板直接铆在裸露的铝合金板上铝合金板会腐蚀
(C)1100 铆钉可用于非结构件铆接
(D)用 2024 铝合金铆钉铆接镁合金板将不会发生电化腐蚀

47. 下列说法不正确的是(　　)。
(A)生成钝化层的金属容易产生点腐蚀
(B)易生成氧化膜或钝化层的金属容易产生缝隙腐蚀
(C)缝隙越宽越容易产生缝隙腐蚀
(D)产生缝隙腐蚀,不需要缝隙中存在腐蚀介质

48. 碱液脱脂时的常用方法有(　　)。
(A)喷射清洗　　　(B)滚筒清洗　　　(C)电解清洗　　　(D)超声波清洗

49. 清除钛合金的腐蚀产物,可使用(　　)。
(A)铝丝棉　　　(B)不绣钢丝棉　　　(C)动力打磨工具　　　(D)砂纸

50. 下列说法不正确的是(　　)。
(A)化学腐蚀发生在有电位差的两种金属接触面处
(B)对于化学腐蚀来说,电位低的金属易被腐蚀
(C)温度对化学腐蚀没有影响
(D)化学腐蚀是金属与环境介质直接发生化学反应而产生的损伤

51. 镀铬的钢零件,当镀层局部破坏后,(　　)。
(A)镀层腐蚀　　　　　　　　　　(B)裸露的钢为阳极
(C)镀铬层为阴极　　　　　　　　(D)钢件被腐蚀

52. 手工除锈时可借助的小型机械有(　　)。
(A)角向磨光机(砂轮)　　　　　　(B)钢丝刷
(C)电(风)动针束除锈器　　　　　(D)风动敲锈锤

53. 下列特征中,属于丝状腐蚀的是(　　)。
(A)铆钉头周围有黑圈且背气流方向有尾迹
(B)漆膜破损区有小鼓泡
(C)紧固件孔周围呈现线丝状隆起

(D)随湿度增加,丝状降起的线条变宽

54. 下列因素与应力腐蚀无关的是(　　)。

(A)拉应力　　　　(B)剪应力　　　　(C)压应力　　　　(D)大气中的氧气

55. (　　)腐蚀,构件外观一定有明显变化。

(A)表面　　　　(B)丝状　　　　(C)摩振　　　　(D)晶间

56. 清除不锈钢的腐蚀产物可使用(　　)。

(A)钢丝刷　　　　(B)砂纸　　　　(C)钢丝棉　　　　(D)喷丸方法

57. 涂装过程中挥发大量的溶剂蒸气,遇明火易(　　)。

(A)液化　　　　(B)爆炸　　　　(C)燃烧　　　　(D)汽化

58. 脱脂的原理主要是利用机械作用及各种化学物质的(　　)等作用来除去物料表面的油污。

(A)溶解　　　　(B)皂化　　　　(C)润湿　　　　(D)渗透

59. ISO 14000 系列标准按性质可分(　　)。

(A)基础标准　　　　(B)基本标准　　　　(C)工艺标准　　　　(D)支持技术类标准

60. 锈蚀产物中(　　)。

(A)FeO 易溶解　　　　(B)Fe_3O_4 较难溶解

(C)Fe_2O_3 最难溶解　　　　(D)FeO 不易溶解

61. 全面质量管理的四大观点是(　　)。

(A)为用户服务的观点　　　　(B)控制产品质量形成的全过程的观点

(C)全员管理观点　　　　(D)用数据说话观点

62. 呋喃树脂防腐涂料是以呋喃树脂为主要成膜物质,加入适当的(　　)及其他树脂等调配而成。

(A)填料　　　　(B)溶剂　　　　(C)增塑剂　　　　(D)固化剂

63. 下列叙述的方法正确的是(　　)。

(A)金属的电化学腐蚀比化学腐蚀更普遍　　　　(B)用铝质铆钉铆接铁板,铁板易被腐蚀

(C)钢铁在干燥空气中不易被腐蚀　　　　(D)用牺牲锌块的方法来保护船身

64. 表面处理时的环境温湿度要求(　　)。

(A)环境温度 15～35℃　　　　(B)湿度<85%

(C)露天温度>3℃　　　　(D)照度>300 Lux

65. 对发生事故的"四不放过"原则(　　)。

(A)事故原因分析不清不放过　　　　(B)事故责任者和群众没有受到教育不放过

(C)没有制定出防范措施不放过　　　　(D)责任人未受处分不放过

66. 呋喃树脂防腐涂料的优点是(　　)。

(A)耐蚀性好　　　　(B)耐大多数酸、碱和有机溶剂

(C)原料来源广,价格低廉　　　　(D)耐热性好

67. 企业主要操作规程有(　　)。

(A)安全技术操作规程　　　　(B)图纸

(C)设备操作规程　　　　(D)工艺规程

68. 常用的漆前除油方法有(　　)。

(A)碱液清洗　　　　　　　　　　　　(B)有机溶剂清洗

(C)表面活性剂清洗　　　　　　　　　(D)乳化液清洗

69. 下列各种方法中,能对金属起到防止或减缓腐蚀作用的措施是(　　)。

(A)金属表面涂抹油漆　　　　　　　　(B)改变金属的内部结构

(C)保持金属表面清洁干燥　　　　　　(D)在金属表面进行电镀处理

70. 下面方法中,不能使涂膜减少锈蚀的是(　　)。

(A)处理底层后不需用底漆　　　　　　(B)不管底材如何,喷涂较厚涂膜

(C)金属表面未经处理,直接喷涂防锈漆　(D)金属底材一定要完全除锈并涂装底漆

71. 下列说法不正确的是(　　)。

(A)空气是一种元素　　　　　　　　　(B)空气是一种化合物

(C)空气是几种化合物的混合物　　　　(D)空气是几种单质和几种化合物的混合物

72. 影响镀层沉积速度的主要因素有(　　)。

(A)工件含碳量高　　　　　　　　　　(B)前处理不彻底

(C)工件捆扎过密或悬挂方法不当　　　(D)电流密度偏低

73. 能预防镀锡层表面形成氧化膜的措施用(　　)。

(A)加强镀液维护　　　　　　　　　　(B)增加氧化剂浓度

(C)加强镀后处理　　　　　　　　　　(D)密封保管

74. 对腐蚀起作用的环境因素有(　　)。

(A)介质　　　　　(B)温度　　　　　　(C)流速　　　　　　　(D)压力

75. 关于分子和原子,下列说法不正确的是(　　)。

(A)物质都是由原子构成的　　　　　　(B)物质都是由分子构成的

(C)物质不都是由分子或原子构成的　　(D)物质是由分子或原子构成的

76. 关于原子的组成下列说法不正确的是(　　)。

(A)原子包含原子核和电子

(B)原子核不能再分

(C)原子核不带电

(D)电子没有质量,因此一个原子中有无数个电子

77. 工程的竣工验收,必须是该工程的全部工序完成,并经过规定的养护期后进行。竣工验收需提交下列资料(　　)。

(A)原材料出厂合格证(或抄件)和其他质量检验文件

(B)各种耐腐蚀胶泥、砂浆、混凝土、玻璃钢胶料和涂料的配合比及其主要技术指标的试验和质量检验报告

(C)设计变更通知单、材料代用的技术核定文件,以及施工过程中重大问题处理的记录

(D)全部隐蔽工程记录;管线相关工程应提交管线敷设坡度的实测记录和接口检漏试验报告

78. 关于元素周期表下列说法正确的是(　　)。

(A)七个周期中的元素数是不相同的　　(B)各个族中的元素数是不相同的

(C)所有的周期都是完全的　　　　　　(D)表中有长周期

79. 几何作图中尺寸分为(　　)。

(A)定形尺寸 　　　(B)定位尺寸 　　　(C)线性尺寸 　　　(D)立体尺寸

80. 尺寸标注三要素是( )。

(A)尺寸数字 　　　(B)尺寸线 　　　(C)尺寸界线 　　　(D)尺寸箭头

81. 碳素钢按用途分类可分为( )。

(A)碳素工业钢 　　　(B)碳素结构钢 　　　(C)碳素日用钢 　　　(D)碳素工具钢

82. 下列说法正确的是( )。

(A)Q235 是碳素结构钢

(B)15♯钢其数字表示含碳量是 0.15%

(C)50CrVA 为合金弹簧钢,其中 50 表示含碳量 0.5%左右

(D)碳素钢按用途分类可分为碳素结构钢和碳素工具钢

83. 按照环境分类,腐蚀分为( )。

(A)大气腐蚀 　　　(B)水和蒸汽腐蚀 　　　(C)土壤腐蚀 　　　(D)化学介质腐蚀

84. 属于局部腐蚀的是( )。

(A)应力腐蚀破裂 　　　(B)点蚀 　　　(C)晶间腐蚀 　　　(D)电偶腐蚀

85. 涂层对金属起到的保护作用主要有( )。

(A)增加厚度 　　　(B)隔离作用 　　　(C)缓蚀作用 　　　(D)电化学作用

86. ( )是编制工艺规程的原则。

(A)生产准备周期短 　　　(B)成本低 　　　(C)用户满意 　　　(D)操作复杂

87. 剖面可分为( )。

(A)立体剖面 　　　　　　　　　　(B)移出剖面

(C)碳素工具钢剖面 　　　　　　　(D)平面剖面

88. 下列说法正确的是( )。

(A)为了消除铸铁模板的内应力所造成的精度变化,需要在加工之前作时效处理

(B)淬火的目的是使钢得到马氏体组织,从而降低钢的硬度和耐磨性

(C)H62 是普通黄铜,其数字表示为含铜量 62%

(D)单相用电设备应适当配置,力求三相平衡

89. 全面质量管理的观点是( )。

(A)为用户服务的观点 　　　　　　(B)控制产品质量形成的全过程的观点

(C)全员管理观点 　　　　　　　　(D)用数据说话观点

90. 安全用电的原则是( )。

(A)可接触低压带电体 　　　　　　(B)不接触低压带电体

(C)少靠近高压带电体 　　　　　　(D)不靠近高压带电体

91. 在公差与配合中,配合分为( )。

(A)间隙配合 　　　(B)过渡配合 　　　(C)过盈配合 　　　(D)过劳配合

92. 根据尺寸在投影图中的作用,可分为( )。

(A)定形尺寸 　　　(B)定尺尺寸 　　　(C)定位尺寸 　　　(D)总体尺寸

93. 根据运动形式,摩擦可分为( )。

(A)静电摩擦 　　　(B)滚动摩擦 　　　(C)滑动摩擦 　　　(D)分子摩擦

94. 设备的维护保养可分为( )。

(A)质保　　　　　(B)量保　　　　　(C)例保　　　　　(D)定保

95. 影响工序质量的因素有(　　)。

(A)人员　　　　　(B)设备、材料　　　(C)检测条件　　　(D)作业环境

96. 党的安全生产方针是(　　)。

(A)生产必须安全　(B)安全促进生产　(C)提高工序质量　(D)保证产品质量

97. 工厂常用的机械图有(　　)。

(A)透视图　　　　(B)零件图　　　　(C)装配图　　　　(D)工序图

98. 金属的常用的机械性能有(　　)。

(A)强度　　　　　(B)硬度　　　　　(C)塑性　　　　　(D)韧性

99. 金属的物理性质包括(　　)。

(A)密度　　　　　(B)熔点　　　　　(C)热膨胀　　　　(D)导热性;磁性

100. 涂装工艺由(　　)三个基本工序组成。

(A)表面处理　　　(B)涂布　　　　　(C)干燥　　　　　(D)包装

101. 涂装由(　　)组成。

(A)成膜物质　　　(B)颜料　　　　　(C)溶剂　　　　　(D)助剂

102. 磷化液的常控指标有(　　)。

(A)总酸度　　　　(B)表调剂　　　　(C)游离酸度　　　(D)促进剂

103. 在工业上,磷化处理除了用作涂层的基底外,也可用于(　　)。

(A)装饰　　　　　(B)金属加工成形　(C)润滑　　　　　(D)防锈封存

104. 根据所形成磷化膜的组成来分类,主要有(　　)三大类磷化液。

(A)铁盐　　　　　(B)锌盐　　　　　(C)钠盐　　　　　(D)锰盐

105. 颜色三属性为(　　)。

(A)色相　　　　　(B)明度　　　　　(C)鲜艳度　　　　(D)光泽度

106. 设备维护保养的要求是(　　)。

(A)整齐　　　　　(B)清洁　　　　　(C)润滑　　　　　(D)安全

107. 企业主要操作规程不包括(　　)。

(A)安全技术操作规程　　　　　　　(B)定额管理流程

(C)图纸　　　　　　　　　　　　　(D)设备操作规程

108. 预硫化橡胶衬里的施工特点是(　　)。

(A)施工下料要求尺寸准确

(B)选用自然硫化的胶黏剂

(C)常温自然硫化的胶黏剂黏合时,其黏结力一般低于热硫化的黏结力

(D)注意控制各组分的配比,严防漏加硬化剂

109. 颜料在涂料中的作用为(　　)。

(A)颜料不仅使漆膜呈现颜色和遮盖力　(B)增加机械性质、耐久性

(C)特种功能,如防腐和防污　　　　　(D)除锈功能

110. 漆前表面处理包括(　　)。

(A)从被涂物表面清除各种污垢

(B)对经清洗过的被涂金属件表面进行各种化学处理

(C)机械方法清除被涂物的机械加工缺陷

(D)机械方法创造涂漆所需的表面粗糙度

111. 无空气喷涂的优点有(　　　)。

(A)涂装效率高

(B)楞角和间隙也能很好地涂上漆

(C)喷雾飞散小,涂料利用率高,涂装环境污染少

(D)可适用于喷高黏度涂料

112. 去除旧漆膜的方法有(　　　)。

(A)机械方法　　　　(B)火焰法　　　　(C)碱液清洗法　　　　(D)脱漆剂法

113. 下列叙述中不正确的是(　　　)。

(A)H_2SO_4 的摩尔质量是 98

(B)等质量的 O_2 和 O_3 中所含的氧原子个数相等

(C)等质量的 CO_2 和 CO 中所含的碳原子个数相等

(D)将 98 g H_2SO_4 溶解于 500 mL 水中,所得溶液中 H_2SO_4 的物质的量浓度为 2 mol/L

114. 在下列物质中,长期放置在空气中能发生氧化还原反应的是(　　　)。

(A)过氧化钠　　　(B)双氧水　　　　(C)碳酸钠　　　　(D)氢氧化钠

115. 人在容器内工作但不动火时,必须作(　　　)。

(A)动火分析　　　(B)可燃物分析　　　(C)氧含量分析　　　(D)毒物分析

116. 抛丸除锈与手工除锈相比的优点有(　　　)。

(A)提高产品质量　　(B)节约用电　　(C)改善劳动条件　　(D)提高生产效率

117. 化学除锈操作的注意事项有(　　　)。

(A)保持酸液清洁,控制酸洗液浓度

(B)控制温度,适当搅拌,注意水洗程序,除锈过程必须连续进行,控制时间

(C)注意安全

(D)定期清除酸洗槽中的污泥,酸洗场地应有排风装置

118. 脱脂的目的有(　　　)。

(A)提高除锈质量　　　　　　　　(B)提高磷化质量

(C)提高涂层质量　　　　　　　　(D)降低劳动强度

119. 影响碱液脱脂效果的工艺因素有(　　　)。

(A)碱液浓度　　　(B)脱脂温度　　　(C)机械作用　　　(D)脱脂时间

120. 磷化膜的主要特性有(　　　)。

(A)多孔性、耐蚀性　　　　　　　(B)膜重、绝缘性能

(C)与涂膜的结合力　　　　　　　(D)与金属工件的结合力

121. 工艺流程图分为(　　　)。

(A)工艺方案流程图　　　　　　　(B)工艺施工流程图

(C)用具摆放图　　　　　　　　　(D)工艺布局图

122. 腐蚀按照机理分类有(　　　)。

(A)机械腐蚀　　　(B)介质腐蚀　　　(C)化学腐蚀　　　(D)电化学腐蚀

123. 腐蚀按照形态分类有(　　　)。

(A)全面腐蚀　　　　(B)介质腐蚀　　　(C)局部腐蚀　　　(D)化学腐蚀

124. 常见的局部腐蚀有(　　)。

(A)应力腐蚀破裂　　(B)点蚀　　　　　(C)晶间腐蚀　　　(D)缝隙腐蚀

125. 腐蚀电池的类型有(　　)。

(A)电偶电池　　　　(B)宏观腐蚀电池　(C)微观腐蚀电池　(D)浓差电池

126. 对于微观腐蚀电池,下列说法正确的是(　　)。

(A)金属化学成分的不均匀形成的腐蚀电池

(B)金属组织结构的不均匀形成的腐蚀电池

(C)金属物理状态的不均匀形成的腐蚀电池

(D)金属表面膜的不完整形成的腐蚀电池

127. 影响腐蚀的主要因素有(　　)。

(A)材料因素　　　　(B)环境因素　　　(C)设备结构因素　(D)人员因素

128. 影响腐蚀的设备结构因素有(　　)。

(A)应力　　　　　　　　　　　　　(B)表面状态与几何形状

(C)异金属组合　　　　　　　　　　(D)结构设计不合理

129. 根据金属覆盖层的电化学行为可分为(　　)。

(A)金属镀层　　　　(B)非金属镀层　　(C)阳极性覆盖层　(D)阴极性覆盖层

130. 电化学联合保护有(　　)。

(A)阴极保护与涂层的联合保护　　　(B)阳极保护与涂层的联合保护

(C)阴极保护与缓蚀剂的联合保护　　(D)阳极保护与缓蚀剂的联合保护

131. 下列金属,属于黑色金属的有(　　)。

(A)锌　　　　　　　(B)铁碳合金　　　(C)不锈钢　　　　(D)铝

132. 常用的计量器具有(　　)。

(A)钢尺　　　　　　(B)卡钳　　　　　(C)游标卡尺　　　(D)塞尺

133. 下列量的名称、单位名称、单位符号描述正确的是(　　)。

(A)长度;米;m　　　(B)质量;千克;g　(C)时间;秒;s　　(D)电流;安培;A

134. 工业毒物的防治措施主要有(　　)。

(A)工艺优选,提高自动化与程序控制水平

(B)加强密闭与隔离,加强通风

(C)消除"二次尘毒源"

(D)除尘

135. 环境保护的措施主要有(　　)。

(A)粉尘治理　　　　　　　　　　　(B)废液及废弃物治理

(C)固体废物治理　　　　　　　　　(D)噪声治理

136. 喷砂方法主要有(　　)。

(A)弹性喷砂　　　　(B)空气喷砂　　　(C)水喷砂　　　　(D)机械旋转喷砂

137. 经过表面喷砂处理后的金属表面状况必须检验(　　)。

(A)清洁度　　　　　(B)粗糙度　　　　(C)光泽度　　　　(D)直线度

138. 防腐面漆的主要作用是(　　)。

(A)遮蔽太阳光紫外线　　　　　　　　(B)遮蔽大气污染物

(C)遮蔽风雪雨水　　　　　　　　　　(D)增加涂层厚度

139. 施工前准备包括(　　)。

(A)施工方案的制定　　　　　　　　　(B)对基本设备的要求

(C)原材料准备　　　　　　　　　　　(D)施工环境检测

140. 除油方法有(　　)。

(A)碱性除油　　　　　　　　　　　　(B)酸性除油

(C)表面活性剂除油　　　　　　　　　(D)喷砂

141. 需要除锈前处理的钢铁有(　　)。

(A)带有厚氧化皮、厚锈及重油污　　　(B)带有厚氧化皮、厚锈及薄油污

(C)带有轻微锈及厚油污　　　　　　　(D)带有轻微锈及薄油污

142. 常温灰色磷化溶液中的主要成分有(　　)。

(A)磷酸二氧锌　　(B)硝酸锌　　　　(C)亚硝酸钠　　　　(D)硝酸镍

143. 游离酸度和总酸度可采用氢氧化钠中和法,可用(　　)指示剂显示。

(A)甲基橙　　　　(B)淀粉　　　　　(C)酚酞　　　　　(D)沉淀滴定

144. 测定亚硝酸钠含量的方法主要有(　　)。

(A)酸碱中和法　　　　　　　　　　　(B)发酵快速分析法

(C)氧化还原法　　　　　　　　　　　(D)分解反应法

145. 涂装前处理工艺包括(　　)等多种工艺。

(A)除油　　　　　(B)底漆　　　　　(C)除锈　　　　　(D)磷化

146. 漆膜的固化过程一般可分为以下几类(　　)。

(A)靠吸收空气中的水分子而固化成膜

(B)靠吸收空气中的氧而固化成膜

(C)靠与固化分子铰链而固化成膜

(D)靠溶剂挥发时树脂分子彼此紧密靠拢产生分子吸力而成膜

147. 可用作常用涂料溶剂的有(　　)。

(A)苯类　　　　　(B)酯类　　　　　(C)酮类　　　　　(D)醇类

148. 涂料常用辅助添加材料为(　　)。

(A)催干剂　　　　(B)增塑剂　　　　(C)防沉降剂　　　(D)固化剂

149. 水溶性缓蚀剂为(　　)。

(A)亚硝酸钠　　　(B)亚麻籽油　　　(C)苯甲酸钠　　　(D)磷酸盐

150. 缓蚀剂分子防锈效果的测定方法有(　　)。

(A)微分电容法　　　　　　　　　　　(B)恒电流极化曲线法

(C)发酵快速分析法　　　　　　　　　(D)缓蚀剂缓蚀效果测定法

151. 涂膜外观检查包括(　　)。

(A)装饰外观　　　(B)漆膜厚度　　　(C)漆膜脱落　　　(D)气泡腐蚀

152. 在铜制品上的铝质铆钉,在潮湿空气中容易腐蚀的原因是(　　)。

(A)形成原电池时,铝作负极　　　　　(B)形成原电池时,铜作负极

(C)形成原电池时,电流由铝经导线流向铜　(D)铝铆钉发生了电化学腐蚀

153. 白铁皮(镀锌)发生析氢腐蚀时,若有 0.2 mol 电子发生转移,下列说法正确的是(   )。
(A)有 6.5 g 锌被腐蚀　　　　(B)在标准状况下有 22.4 L 氢气放出
(C)有 2.8 g 铁被腐蚀　　　　(D)在标准状况下有 2.24 L 气体放出

154. 底漆的作用是(   )。
(A)提高面漆的附着力　　　　(B)增加面漆的丰满度
(C)提供抗碱性,提供防腐蚀功能　　　　(D)装饰性

155. 磷化的用途有(   )。
(A)减少金属零件冲压加工前的摩擦阻力
(B)提高喷涂层与基体的结合力
(C)冲压件毛坯需现磷化再进行塑性变形
(D)电泳入选漆前先进行磷化

156. 对普通钢材以喷砂法进行除锈处理时,应除尽(   )等杂物。
(A)铁锈　　　　(B)油脂　　　　(C)旧漆层　　　　(D)氧化皮

157. 漆膜的检验包括(   )。
(A)表面处理质量　　　　(B)漆膜外观检验
(C)漆膜厚度的控制　　　　(D)漆膜附着力

158. 耐温钢结构件及管道耐温部位防腐,应采用相应的(   )。
(A)耐高温防腐底漆　　　　(B)耐高温防腐面漆
(C)有机硅改性耐高温涂料　　　　(D)无机改性耐高温涂料

159. 沥青类防腐蚀工程包括(   )。
(A)沥青胶泥(或热沥青)铺贴的油毡隔离层
(B)沥青胶泥铺砌的块材面层
(C)沥青砂浆和沥青混凝土铺筑的整体面层或垫层
(D)碎石灌沥青垫层

160. 水玻璃类防腐蚀工程包括(   )。
(A)水玻璃耐酸胶泥、耐酸砂浆铺砌的块材面层
(B)水玻璃涂抹的整体面层及水玻璃耐酸混凝土灌注的整体面层、设备基础和构筑物
(C)砂浆和混凝土铺筑的整体面层或垫层
(D)碎石灌沥青垫层

161. 树脂胶泥和玻璃钢防腐蚀工程包括(   )。
(A)树脂胶泥铺砌或勾缝的大块材面层
(B)耐酸胶泥、耐酸砂浆铺砌的块材面层
(C)各种胶料铺衬的玻璃钢整体面层和隔离层及环氧胶涂覆的隔离层
(D)耐酸混凝土灌注的整体面层、设备基础和构筑物

162. 耐腐蚀涂料工程是使用(   )等涂料涂覆的面层。
(A)过氯乙烯漆　　(B)沥青漆、酚醛漆　　(C)环氧漆　　(D)聚氨基甲酸酯漆

163. 防腐蚀工程验收包括(   )。
(A)开工验收　　(B)中间验收　　(C)竣工验收　　(D)质保验收

164. 未经验收的工程不得投入生产使用。质量检查应贯彻(　　)相结合的原则。
(A)自检　　　　　　(B)互检　　　　　　(C)交接检查　　　　　　(D)专业检查

四、判 断 题

1. 生产产品应认真贯彻的质量标准是 ISO 9001。(　　　)
2. 磷化液的成膜物质有磷酸、磷酸二氢锌和各种碱系磷酸盐等。(　　　)
3. 耐蚀性是涂膜抗腐蚀破坏作用的能力。(　　　)
4. 酸化是指磷化液中游离酸和总酸浓度比值。(　　　)
5. 腐蚀按照环境分类分为大气腐蚀、水和蒸汽腐蚀、土壤腐蚀、化学介质腐蚀。(　　　)
6. 磷化后水洗的目的是去掉磷化膜表面吸附的可溶性盐,防止涂膜起泡。(　　　)
7. 根据吸附理论,物理吸附强度与距离的六次方成正比。(　　　)
8. 不同金属有不同的电极电位。(　　　)
9. 喷砂常用磨料主要有钢砂、氧化铝砂、石英砂、碳化硅等。(　　　)
10. 胺类物质如吗啉和 AMP 也可有助于抑制闪锈的生成。(　　　)
11. 手工除锈适合于大量作业和大面积表面除锈。(　　　)
12. 没有水分参加反应而发生的金属腐蚀现象称为干蚀。(　　　)
13. 被处理钢材表面状态不影响磷化效果。(　　　)
14. 手工除锈法是黑色金属常用的除锈方法。(　　　)
15. 涂装工艺是涂装生产全过程的技术指导性文件。(　　　)
16. 漆膜的实际干燥过程,都需要一定的干燥温度和干燥时间。(　　　)
17. 石膏粉的主要化学成分是碳酸钙。(　　　)
18. 使各层次的油漆涂装其油漆性质都可以不同。(　　　)
19. 醇酸漆类使用的稀释剂是 300 号溶剂汽油。(　　　)
20. 油漆涂刷方法是由外向里,由易到难。(　　　)
21. 涂装前的表面处理好坏,决定涂装的成败。(　　　)
22. 当电解质中有任何两种金属相连时,即可构成原电池。(　　　)
23. 黄铜合金中,铜做阳极,锌做阴极,形成原电池。(　　　)
24. 合金元素的总含量大于 10% 的钢称为高合金钢。(　　　)
25. 金属腐蚀主要有化学腐蚀和电化学腐蚀两种。(　　　)
26. 铁路客、货车抛(喷)丸除锈是用铸铁丸、钢丸等。(　　　)
27. 空气喷涂法是油漆利用率最高的涂装方法。(　　　)
28. 铁蓝颜料主要成分是亚铁氰化钾。(　　　)
29. 油漆涂膜的厚薄不能作为衡量防腐性好与坏的一个因素。(　　　)
30. 一般内墙涂料也可以做户外的装饰性漆。(　　　)
31. 采用净化喷漆室是今后喷涂技术发展的方向。(　　　)
32. 苯类溶剂的飞散,对施工者的身体健康危害甚大。(　　　)
33. 磷化膜是一种防腐层,对涂层在表面附着无明显作用。(　　　)
34. 涂装过程中所产生的三废是废水、废纸、废垃圾。(　　　)
35. 用铁器敲击开启油漆桶或金属制溶剂桶时,易产生静电火花而引起火灾或爆

炸。（　　）

36. 水磨腻子表面质量比干磨腻子表面质量低。（　　）

37. 产品质量特性,是指产品的一定总体中,用来区分各个体之间质量差别的性质、性能和特点方面的数据和参数。（　　）

38. 醇酸树脂磁漆也可以用固化剂加速干燥。（　　）

39. 催化剂也可以作为固化剂使用。（　　）

40. CO4-2 是表示常用的醇酸树脂磁漆。（　　）

41. 聚氨酯双组分磁漆,也可以用脱漆剂来稀释。（　　）

42. 铁路客、货车辆钢结构,长期处于潮湿及水的条件下,就会遭受到腐蚀。（　　）

43. 石膏粉的化学分子式是 Na_2SO_4。（　　）

44. 未经表面处理的金属材质表面可以涂装油漆。（　　）

45. 两种金属之间电位差越大,两者相接触时,电位低的金属越容易腐蚀。（　　）

46. 海洋大气中的氧离子对金属构件有催化腐蚀的作用。（　　）

47. 氢氧化物制品残留在铝制结构上不会对结构产生腐蚀。（　　）

48. 铁路货车金属件表面涂刷底、面漆的干膜厚度要求不低于 96 μm。（　　）

49. 集装箱平板车金属的外层面涂刷蓝色调和漆。（　　）

50. 油漆的材质性质不同,涂装方法也不同。（　　）

51. 虫胶清漆主要性能是防水性。（　　）

52. 湿漆膜与空气中氧发生氧化聚合反应叫氧化干燥。（　　）

53. 利用化学反应使溶液中的非金属离子析出,并在工件表面沉积而获得金属覆盖层的方法叫作化学镀。（　　）

54. 不需要温度烘烤的油漆称为烤漆。（　　）

55. 油漆中加入防潮剂可加速油漆的干燥。（　　）

56. PQ-1 型压缩空气喷枪属于下压式的喷枪。（　　）

57. 我国法定的长度单位是毫米。（　　）

58. 铁路客车管道手阀柄涂的半黄半蓝的油漆颜色表示排气阀。（　　）

59. 不含有机溶剂的涂料称为粉末涂料。（　　）

60. 电沉积是电泳涂装的主要反应过程。（　　）

61. 客车对漆膜附着力要求达到 2～3 级。（　　）

62. 客车表面漆要着色颜料的细度为 30～40 μm。（　　）

63. pH 值是影响电泳涂膜质量的主要因素之一。（　　）

64. 采用高压水除锈是一种表面处理新技术。（　　）

65. 机、客、货车内外表面抛丸(喷丸)处理是为了清除锈垢、旧漆皮等。（　　）

66. 酚醛清漆的干燥成膜性质是属于氧聚合型。（　　）

67. 钢铁表面氧化皮是金属腐蚀物的媒介体。（　　）

68. 虫胶清漆是不属于天然树脂类。（　　）

69. 油漆类别代号"F"是环氧树脂类油漆。（　　）

70. 油漆中的主要成膜物是油料。（　　）

71. 油漆中含有的酚醛树脂是属于天然树脂。（　　）

72. 油漆中含有油料是不干性油为主。（　　）

73. 配油漆的颜色先后顺序是由浅到深。（　　）

74. 用醇类溶剂作为醇酸树脂磁漆的稀释剂。（　　）

75. 醛、酮、醇类溶剂存在油漆中，对操作者危害最小。（　　）

76. 常用脱漆剂主要含有二氯甲烷和苯的两种类型。（　　）

77. 氨基烘漆需要经过烘烤才能成膜固化。（　　）

78. 煤油基本上是无腐蚀作用。（　　）

79. 铁路机车、客车外墙板涂刮腻子是为增加涂膜的附着力。（　　）

80. 因为原子中电子数量很多，它们聚集时称为电子云。（　　）

81. 电子根据其离原子核的远近可以分为不同的电子层。（　　）

82. 在同一电子层中的电子具有相同的电子云。（　　）

83. 产品质量是狭义质量。（　　）

84. 矿物油在一定条件下与碱形成乳化液。（　　）

85. 社会主义职业道德，对于培养"四有"职工队伍起着主导性作用。（　　）

86. 镇静钢、沸腾钢、半镇静钢是按脱氧程度分类的钢。（　　）

87. 简称 65 铌的钢是 6Cr4W3Mo2VNb。（　　）

88. 着色颜料在油漆中起到防锈、防腐的作用。（　　）

89. 涂装工艺对涂装质量好坏关系不大。（　　）

90. 颜料的颜色变化，主要是由红、蓝、黑的三种主色。（　　）

91. 防腐性能最好的油漆是环氧树脂漆类。（　　）

92. 油漆性能的质量好坏，应以涂装后检验结果为结论。（　　）

93. 油漆干燥差一点，也未必出现什么质量事故。（　　）

94. 体质颜料是起增加色漆的颜色的作用。（　　）

95. 影响涂层寿命的各种因素中，表面处理占 49.5%。（　　）

96. 涂膜质量的病态大部分是油漆质量。（　　）

97. pH 值是表示溶液的酸、碱性的数值。（　　）

98. 电解液是表示不通电流的液体。（　　）

99. P 是表示货车的基本名称。（　　）

100. 具有双层壁的焊接件的表面预处理不宜采用湿喷砂。（　　）

101. 抛丸（喷丸）打砂表面的粗糙面是在 100 μm 以上为最好。（　　）

102. 对车辆腐蚀最厉害的气体是硫化氢气体。（　　）

103. 涂装前处理是除油、除锈、磷化表面处理。（　　）

104. 铁锈结构是外层较疏松，越向内越紧密的结构。（　　）

105. 腻子的涂装方法主要是刮涂。（　　）

106. 粉末涂料是采用溶剂来稀释使用。（　　）

107. 常用二甲苯溶剂是属于一级易燃易爆危险产品。（　　）

108. 抛丸线工艺流程：上料→预热→抛丸→喷漆→干燥→下料。（　　）

109. 温度高，辐射线强对漆膜的干燥越好。（　　）

110. 水溶性涂料用 200 号溶剂稀释。（　　）

111. 溶剂的高沸点是在 150~250℃ 之间。（　　）

112. 涂装底漆的目的,是增加被涂物的防腐作用及增强附着力。（　　）

113. 底漆是起到着色装饰作用。（　　）

114. 对油漆施工场地的温度,没有一定的要求。（　　）

115. 在不同的涂装物面上涂刮腻子,要使用不同尺寸、种类的刮刀。（　　）

116. 油漆中所用的油料,是以不干性油料为主。（　　）

117. 电化学腐蚀过程中有自由电子流动。（　　）

118. 化学腐蚀过程中有电流产生（　　）。

119. 金属产生缝隙腐蚀的缝隙宽度通常为 2.0~3.0 mm（　　）

120. 阳极化法不能在铝合金表面形成氧化膜。（　　）

121. 电泳涂装时工作电压过高会产生针孔。（　　）

122. 被涂物在超滤液中停留过长会使电泳涂膜溶解。（　　）

123. 清漆是在漆料中加入一定防锈颜料。（　　）

124. 磁漆的性能比调合漆的性能好。（　　）

125. 环境方针不可以调整。（　　）

126. 磷是增大钢的冷脆性的杂质之一。（　　）

127. 矿物油、氧化煤油、煤油是属于酯类溶剂。（　　）

128. 20 世纪 80 年代以来,国内大力推广应用的脱脂剂是水基清洗剂。（　　）

129. 油性腻子主要成分是石膏、清漆、干性油类、水等材料组成。（　　）

130. 阻尼涂料可降低薄钢板的剧烈震动程度。（　　）

131. 中间层涂层是以湿法打磨的质量最好。（　　）

132. 粉末喷涂形成的涂层均匀与否和工作的电压无关。（　　）

133. 高固体分厚度涂膜层的控制厚度为 700~1000 μm。（　　）

134. 加热干燥的温度在 100℃ 以下为低温。（　　）

135. 油漆一般性涂膜厚度为 8~100 μm。（　　）

136. "淬火＋中温回火"称为调质处理。（　　）

137. 随着原子序数的递增,原子半径由大变小的是同一周期的元素。（　　）

138. 对发生事故的"四不放过"原则是事故原因分析不清不放过;事故责任者和群众没有受到教育不放过;没有制定出防范措施不放过;责任人未受处分不放过。（　　）

139. 调腻子的石膏粉就是无水硫酸钙。（　　）

140. 腻子与面漆之间的中涂漆层,对整个涂装体系无明显作用。（　　）

141. 对油漆涂装场房的光线照度没有一定的要求。（　　）

142. 元素的电子能力越强,其非金属性就越强。（　　）

143. 镁合金零件清除腐蚀的正确方法是使用铝丝球。（　　）

144. 机械方法是从钢质部件上清除锈蚀的最佳方法。（　　）

145. 稀释剂必须要与配套油漆使用。（　　）

146. 任何一种稀释剂都不能通用。（　　）

147. 手工除锈法工人的劳动强度大,效率低,且除锈不彻底。（　　）

148. 性质不同的清漆可以混合使用。（　　）

149. 硝基色漆可以与醇酸磁漆混合使用。（　　）

150. 同一族中元素原子序数越大,金属性越强。（　　）

151. 铝的氧化物和非氧化物表现出两性,说明铝是一种非金属。（　　）

152. 某一种元素在某物质中的质量分数可以通过物质的分子式和相对原子质量计算出来。（　　）

153. 生成钝化层的金属易产生点腐蚀。（　　）

154. 环氧酯就是环氧树脂。（　　）

155. 腐蚀抑制性颜料是指颜料加入涂料中去,可以降低被涂覆基材的腐蚀。（　　）

156. 电子因为在一个分子中数量很多,因此在计算相对分子质量时,它是一个很重要的因素。（　　）

157. 电子的运动速度很快,因此无法知道电子在一个原子的哪一部分经常出现。（　　）

158. 因为电子太小了,因此将电子分布在不同电子层后就无法再分了。（　　）

159. 泳透力低会造成背离电极部分电泳涂层过薄现象。（　　）

160. 假想用剖切平面将机件的某处切断,仅画出断面的图形叫剖面图。（　　）

161. 空气喷涂法的优点是涂料利用率高。（　　）

162. 允许尺寸变化的两个界限值叫极限尺寸。（　　）

163. 形位公差中,表示圆度的符号是○。（　　）

164. Q235-A 是普通碳素结构钢。（　　）

165. 基本尺寸是设计给定的尺寸。（　　）

166. HRC 是布氏硬度代号。（　　）

167. 表达物体形状的基本视图有六个。（　　）

168. 元素是具有相同质量一类原子的总称。（　　）

169. 露天放置的钢铁设备在雨后表面上积水所产生的腐蚀称为积液腐蚀。（　　）

170. 用铝质铆钉铆接铁板,铁板易被腐蚀。（　　）

171. 点状加热的特点是点的周围向中心收缩。（　　）

172. 为防止砂轮片、齿轮片或钢丝飞溅伤害人体,操作者必须做好劳动保护。（　　）

173. 高压无空气喷涂喷枪距工件距离应保持为 10~15 cm。（　　）

174. 在净化废气中,多用活性碳吸附。（　　）

175. 在高温条件下,金属被氧化是可逆的反应。（　　）

176. 没有水的硫化氢、氯化氢、氯气等也可能对金属发生高温干蚀反应。（　　）

五、简答题

1. 喷锌层表面外观检查不能有哪些缺陷? 结合性能检查用什么方法?

2. 按照腐蚀环境分,钢铁的腐蚀可分为哪几大类?

3. 涂装体系为什么要涉及多道涂装?

4. 腐蚀环境为 C4 级时,低、中、高挡的使用寿命和干膜厚度是多少?

5. 金属的干蚀是怎么回事?

6. 什么是磷化处理法?

7. 影响磷化效果的主要因素有哪些?

8. 黑色金属常用的除锈方法有哪些?

9. 磷化液的成膜物质有哪几种及作用是什么?

10. 什么是耐蚀性?

11. 什么是喷射处理?

12. 一般设备衬胶采用哪四种方法进行贴衬?

13. 在衬胶过程中主要有几种结构方式?

14. 什么是预硫化橡胶衬里?

15. 简述预硫化橡胶衬里的施工过程。

16. 预硫化橡胶衬里大面积脱落的原因是什么?

17. 怎样手工除锈?

18. 预硫化橡胶衬里衬层裂缝的原因是什么?

19. 预硫化橡胶衬里胶化的原因是什么?

20. 喷砂(丸)除锈系统设备有哪些类型?

21. 预硫化橡胶衬里接缝处开裂的原因是什么?

22. 碱液脱脂时的常用方法有哪些?

23. 什么是腐蚀抑制性颜料?

24. 碱液脱脂时滚筒清洗的适用范围是什么?

25. 什么叫丝状腐蚀?

26. 碱液脱脂时影响脱脂效果的工艺因素有哪些?

27. 什么是磷化处理?

28. 反应釜的软聚氯乙烯板衬里施工的工艺流程是什么?

29. 抛丸线工艺流程是什么?

30. 手工除锈时可借助的小型机械有哪些?

31. 生产产品应认真贯彻的质量标准是什么?

32. ISO 14000 系列标准按性质可分为哪些?

33. 什么是化学除锈?

34. 全面质量管理的四大观点是什么?

35. 什么是呋喃树脂防腐涂料?

36. 呋喃树脂防腐涂料的优点是什么?

37. 什么是漆前表面处理?

38. 什么是酸化?

39. 化学除锈的工艺流程是什么?

40. 简述管道及管件的橡胶衬里操作步骤。

41. 企业主要操作规程有哪些?

42. 什么是产品的质量特性?

43. 最常用的漆前除油方法有哪几种?

44. 由于不同金属的接触而形成的电化腐蚀可采取什么方式来预防?

45. 在给拆下的发动机上的气缸进行最后的防腐金属喷漆涂之后,至关重要的是不能转动螺旋桨,这是为什么?

46. 清洁用的氢氧化物制品残留在铝制结构上对结构有什么影响?

47. 涂漆前必须彻底清除腐蚀产物,这是为什么?

48. 影响镀层沉积速度的主要因素是什么?

49. 如何预防镀锡层表面形成氧化膜?

50. 电镀铜锡合金时阳极为什么会发生钝化?

51. 简述防腐蚀涂层的防腐机理。

52. 腐蚀的定义是什么?

53. 对腐蚀起作用的环境因素有哪些?

54. 腐蚀按照环境分类分为哪几种?

55. 腐蚀按照形态分类分为哪几种?

56. 局部腐蚀分为哪几种?

57. 腐蚀电池的类型有哪些?

58. 什么是微观腐蚀电池?

59. 什么是去极化作用?

60. 金属的钝化定义是什么?

61. 防腐蚀设计的内容主要包括哪些?

62. 什么是覆盖层保护?

63. 什么叫作化学镀?

64. 什么是热浸镀?

65. 什么是涂料覆盖层?

66. 涂层有哪三方面作用对金属起保护作用?

67. 涂料覆盖层的选择原则是什么?

68. 什么是阴极保护?

69. 什么是阳极保护?

70. 什么是缓蚀剂?

六、综 合 题

1. 预硫化橡胶衬里的施工特点是什么?

2. 怎样手工除锈?

3. 简述锌黄防锈底漆的防锈原理。

4. 电蚀是怎样产生的? 为何把电蚀称为电解腐蚀,其腐蚀程度如何?

5. 何谓涂装前表面预处理? 其目的是什么?

6. 预硫化橡胶衬里局部起泡的原因是什么?

7. 什么是闪锈抑制剂?

8. 反应釜的软聚氯乙烯板衬里的质量检查要求是什么?

9. 环境保护的措施主要有哪些?

10. 常用的漆前除油方法有哪些?

11. 原电池的构成条件有哪些?

12. 氰化物镀铜操作注意事项有哪些?

13. 电镀镍磷合金有哪些特点?

14. 仿金电镀不合格镀层如何退出?

15. 预硫化丁基胶衬里制品验收标准是什么?

16. 磷化处理有什么作用?

17. 腐蚀与防护的意义是什么?

18. 手工除锈的工艺流程是什么?

19. 喷砂(丸)除锈的工作原理是什么?

20. 喷丸操作的注意事项有哪些?

21. 磷化处理有什么要求?

22. 简述底材表面处理的作用。

23. 清除铁锈有几种方法?

24. 21.1 kg 油漆完全利用可刷 5 m 的钢板,如按刷油漆损失 10% 计算,刷 100 m 钢板用油漆多少千克?

25. 测得一块 100 mm×50 mm 钢板上磷化膜重为 0.032 g,求每平方米钢板上磷化膜的重量。

26. 金属镀层按用途分为哪些种类?

27. 什么是镀层的接触腐蚀?

28. 电镀预处理需要进行哪些基本工序?

29. 喷砂常用磨料有哪些?

30. 常用的脱脂方法有哪些?

31. 什么是电化学浸蚀?

32. 镁合金电镀时采用怎样的预处理?

33. 自动循环回收式喷砂机的优点有哪些?

防腐蚀工(中级工)答案

一、填空题

1. 基本尺寸	2. +20℃	3. 专业检查	4. 技能
5. 母线	6. 完全退火	7. 必备前提	8. 退火
9. Fe_3O_4	10. 同一周期的元素	11. 皂化油	12. 湿喷砂
13. 溶剂蒸气	14. 积液腐蚀	15. 30~40 目	16. 磷酸锰
17. 磷酸	18. 前处理过的干净金属		19. 腐蚀
20. 微生物腐蚀	21. 擦洗	22. 65%	23. 很低
24. 铜	25. 劳动保护	26. 机械作用	27. 碳
28. 耐盐雾性	29. 干蚀	30. 酸洗处理	31. 磷化工艺参数
32. 施工过程	33. 预热	34. ISO 9001	35. 漆前表面预处理
36. 固体涂膜	37. 低熔点	38. 化学镀	39. 聚氨基甲酸酯涂料
40. 单体	41. 污渍	42. 溶剂	43. 表面处理
44. 乙醇	45. NaOH	46. 中沸点	47. 强碱
48. 7:3	49. 热处理不当	50. 硬鬃毛刷	51. 120~220 目
52. 60~80 目	53. 水-气喷砂	54. 咬底	55. Sa2.5
56. 电化学腐蚀	57. 钢丸	58. 紧	59. 金属腐蚀物
60. 可逆的	61. 自由电子	62. 氧化干燥	63. 调和漆
64. RZYW	65. 硫化氢气体	66. 催化腐蚀	67. 氧聚合型
68. 危险易燃	69. 排气阀	70. 腐蚀	71. 废水、废纸、废垃圾
72. 刮涂	73. 活泼	74. 硫酸	75. 中和
76. 100	77. 灭火器	78. 最低	79. 去极化作用
80. 微电池	81. 覆盖层保护	82. 缓蚀剂保护	83. 米
84. H	85. 极限尺寸	86. 铁	87. 水源
88. 金属盐类	89. 恶心	90. 电解质	91. 氢氧化钠
92. 滚筒清洗	93. X 向旋转	94. 切断面图形	95. 实际尺寸
96. 产品质量	97. 基本偏差	98. 马氏体	99. 合金工具钢
100. QT	101. 高温回火	102. 250 V	103. 20~30
104. 碳素工具钢	105. 塑性	106. 热胀冷缩	107. 收缩
108. 抗拉极限	109. 乙类钢	110. 可以是直线,可以是点	
111. 99.99%	112. $Al(OH)_3$	113. 皂化和乳化	114. 脱脂时间
115. 涂料施工	116. 浸渍法	117. 颜料	118. 溶解
119. 醇	120. 化学腐蚀	121. 酸	122. 基底

123. 铬化　　　　124. 5～10　　　　125. 卤素　　　　126. 50

127. 发白　　　　128. $CuSO_4$　　　129. 核电荷数　　　130. 相同核电荷数

131. 实验室考察　132. 必须　　　　133. 重要　　　　134. 检验

135. 灰尘　　　　136. 排风扇　　　137. 环境保护　　　138. 电解

139. 非离子表面活性剂　140. 施工过程中责任制　141. 成分　　　　142. 辐射热量

143. 阴极脱脂　　144. 活性游离基　145. 静电　　　　146. 超滤膜

147. 二氧化碳　　148. 容器不封闭漏气　149. 底面不干净　150. 中和

151. 一　　　　　152. 钢　　　　　153. 硫酸　　　　154. 磁化铁防锈底漆

155. 烃类溶剂　　156. pH＝7　　　157. H_2SO_4　　　158. NaOH

159. CP　　　　　160. 锌黄环氧酯底漆　161. 20％～25％　162. SO_2

163. 水基清洗剂　164. 乳化液

二、单项选择题

1. B	2. A	3. D	4. A	5. C	6. D	7. B	8. C	9. B
10. A	11. B	12. D	13. C	14. D	15. B	16. B	17. C	18. D
19. B	20. C	21. A	22. B	23. C	24. B	25. A	26. B	27. D
28. C	29. B	30. B	31. B	32. D	33. B	34. C	35. A	36. C
37. D	38. B	39. C	40. A	41. A	42. A	43. A	44. A	45. B
46. C	47. A	48. A	49. C	50. B	51. A	52. B	53. C	54. C
55. D	56. C	57. A	58. C	59. C	60. C	61. A	62. B	63. B
64. C	65. C	66. C	67. C	68. B	69. C	70. A	71. C	72. A
73. C	74. A	75. A	76. A	77. D	78. B	79. A	80. B	81. C
82. C	83. C	84. B	85. C	86. B	87. A	88. B	89. B	90. B
91. A	92. A	93. A	94. C	95. C	96. C	97. D	98. B	99. C
100. C	101. D	102. C	103. C	104. C	105. C	106. B	107. D	108. D
109. C	110. C	111. B	112. C	113. C	114. A	115. B	116. D	117. C
118. A	119. B	120. C	121. D	122. C	123. D	124. A	125. B	126. D
127. C	128. C	129. B	130. B	131. A	132. B	133. B	134. A	135. A
136. D	137. B	138. B	139. D	140. B	141. A	142. A	143. B	144. B
145. D	146. C	147. C	148. C	149. B	150. B	151. C	152. C	153. B
154. B	155. C	156. B	157. B	158. B	159. C	160. B	161. B	162. C
163. B	164. A	165. A	166. B	167. B	168. D	169. C	170. D	171. C
172. B	173. B	174. B	175. C					

三、多项选择题

1. ABCD	2. AD	3. ABCD	4. AB	5. BCD	6. CD	7. ABC
8. BC	9. ABC	10. AB	11. BC	12. ABD	13. CD	14. AB
15. AC	16. AD	17. ABC	18. ACD	19. ABCD	20. BC	21. AD
22. ABCD	23. CD	24. ACD	25. ABD	26. ABCD	27. BCD	28. AB

29. AC　30. ABC　31. AD　32. ABC　33. AB　34. ABCD　35. ACD
36. ABCD　37. ABCD　38. ABD　39. ABCD　40. ABCD　41. ABCD　42. ACD
43. BCD　44. BCD　45. ABCD　46. ABC　47. ABC　48. ABCD　49. ABD
50. ABC　51. BCD　52. ABCD　53. BCD　54. BCD　55. ABC　56. ABC
57. BC　58. ABCD　59. ABD　60. ABC　61. ABCD　62. ABCD　63. ACD
64. ABC　65. ABCD　66. ABCD　67. ACD　68. ABCD　69. ABCD　70. ABC
71. ABC　72. ABCD　73. ACD　74. ABCD　75. ABC　76. BCD　77. ABCD
78. ABD　79. AB　80. ABC　81. BC　82. ABCD　83. ABCD　84. ABCD
85. BCD　86. AB　87. BC　88. ACD　89. ABCD　90. BD　91. ABC
92. ACD　93. BC　94. CD　95. ABCD　96. AB　97. BCD　98. ABCD
99. ABCD　100. ABC　101. ABCD　102. ACD　103. BCD　104. ABD　105. ABC
106. ABCD　107. BC　108. ABCD　109. ABC　110. ABCD　111. ABCD　112. ABCD
113. ACD　114. AB　115. CD　116. ABCD　117. ABCD　118. ABC　119. ABCD
120. ABCD　121. AB　122. CD　123. AC　124. ABCD　125. BC　126. ABCD
127. ABC　128. BCD　129. CD　130. ABCD　131. BC　132. ABC　133. ACD
134. ABCD　135. ABCD　136. ABCD　137. AB　138. ABCD　139. ABCD　140. ABC
141. ABCD　142. ABCD　143. AD　144. BC　145. ACD　146. BCD　147. ABCD
148. ABC　149. ACD　150. ABD　151. ACD　152. AD　153. AD　154. ABC
155. ABCD　156. ACD　157. ABCD　158. ABCD　159. ABCD　160. AB　161. AC
162. ABCD　163. BC　164. ABCD

四、判 断 题

1. √　2. √　3. √　4. √　5. √　6. √　7. ×　8. √　9. √
10. √　11. ×　12. √　13. ×　14. √　15. √　16. √　17. ×　18. ×
19. ×　20. ×　21. √　22. ×　23. ×　24. √　25. √　26. √　27. ×
28. √　29. ×　30. ×　31. √　32. √　33. ×　34. ×　35. √　36. √
37. √　38. ×　39. ×　40. √　41. ×　42. √　43. ×　44. ×　45. √
46. √　47. ×　48. ×　49. √　50. ×　51. ×　52. √　53. ×　54. ×
55. ×　56. ×　57. ×　58. √　59. ×　60. √　61. ×　62. √　63. √
64. √　65. √　66. √　67. √　68. ×　69. √　70. ×　71. √　72. ×
73. √　74. ×　75. ×　76. √　77. √　78. √　79. ×　80. ×　81. √
82. ×　83. √　84. √　85. √　86. √　87. √　88. ×　89. √　90. ×
91. √　92. √　93. ×　94. √　95. √　96. ×　97. √　98. ×　99. ×
100. √　101. ×　102. √　103. √　104. √　105. √　106. ×　107. √　108. √
109. ×　110. ×　111. √　112. √　113. ×　114. ×　115. √　116. √　117. √
118. ×　119. ×　120. √　121. √　122. √　123. ×　124. √　125. ×　126. √
127. ×　128. √　129. √　130. √　131. √　132. ×　133. √　134. √　135. √
136. ×　137. √　138. √　139. √　140. ×　141. ×　142. √　143. ×　144. √
145. √　146. √　147. √　148. ×　149. ×　150. √　151. ×　152. √　153. √

154. × 155. √ 156. × 157. × 158. × 159. √ 160. √ 161. × 162. √
163. √ 164. √ 165. √ 166. × 167. √ 168. × 169. √ 170. × 171. √
172. √ 173. × 174. √ 175. √ 176. √

五、简 答 题

1. 答:不能有起皮(0.5分)、鼓包(0.5分)、粗颗粒(0.5分)、裂纹(0.5分)、掉块(0.5分)及其他影响使用的缺陷。结合性能检查用切格试验法(2.5分)。

2. 答:在干燥气体中的腐蚀;在大气中的腐蚀;在海水中的腐蚀;在土壤中的腐蚀;在酸、碱、盐中的腐蚀;在卤素中的腐蚀;在有机介质中的腐蚀。(总分5分,每错漏一处扣1分)

3. 答:为了发挥防腐蚀功能,涂层系统往往进行多道涂装,以形成一个整体,整个体系中各道涂层发挥不同的作用(2.5分)。一般涂层系统分为底漆、中间漆、面漆等(1.5分)。一些特殊涂料,如粉末涂料等,在施工中往往采用单层涂装(1分)。

4. 答:腐蚀环境为C4级时,涂料系统使用寿命低挡为2～5年(1分),中挡为5～15年(1分),高挡为15年以上(1分)。低挡的干膜厚度为160 μm,中挡的干膜厚度为200 μm,高挡的干膜厚度为240 μm或280 μm(2分)。

5. 答:在某些情况下,金属的腐蚀即使没有水分存在也会发生,特别是高温情况下,腐蚀是很严重的(2.5分)。没有水分参加反应而发生的金属腐蚀现象称为干蚀(2.5分)。

6. 答:磷化处理是把金属表面清洗干净(1分),在特定的条件下,让其与含磷酸二氢盐的酸性溶液接触(2分),进行化学反应生成一层稳定的不溶的磷酸盐保护膜层的一种表面化学处理方法(2分)。

7. 答:影响磷化效果的主要因素有:①磷化工艺参数(1分)。②磷化设备和工艺管理因素(1.5分)。③促进剂因素(1分)。④被处理钢材表面状态等(1.5分)。

8. 答:黑色金属常用的除锈方法,有手工除锈法、机械除锈法、喷丸或喷砂除锈、抛丸除锈法、高压喷水除锈、化学除锈法。(总分5分,每错漏一处扣1分)

9. 答:主要有磷酸(1分)、磷酸二氢锌(1分)和各种碱系磷酸盐等(1分),主要作用是:与铁反应生成磷化膜(2分)。

10. 答:涂膜抗腐蚀破坏作用的能力(5分)。

11. 答:利用高速磨料的射流冲击作用(2分),清理(1.5分)和粗化底材表面(1.5分)的过程。

12. 答:(1)热烙法(1.25分)。(2)压轮滚压法(1.25分)。(3)热贴法(1.25分)。(4)热贴滚压法(1.25分)。

13. 答:(1)胶板黏结方式(1.25分)。(2)法兰处胶板的结构方式(1.25分)。(3)花板孔胶板的黏结方式(1.25分)。(4)物料进出口胶板黏结方式(1.25分)。

14. 答:预硫化橡胶衬里是将预先硫化好的橡胶板(2.5分)用自然硫化胶黏剂贴衬(2.5分)于被保护设备基体上的施工过程。

15. 答:(1)设备的表面处理。(2)涂刷底涂料。(3)刮腻子。(4)涂刷胶黏剂。(5)衬贴胶板。(6)检查和修理。(总分5分,每错漏一处扣1分)

16. 答:(1)胶浆失效(2.5分)。(2)硫化时蒸汽突然停止,未及时放空,造成真空(2.5

分）。

17. 答：手工除锈是利用尖头锤、刮刀、铲刀、钢丝刷、砂布等简单工具（1分）来进行作业，工人的劳动强度大（0.5分），效率低（0.5分），且除锈不彻底（0.5分）。手工除锈仅适合于小量作业和局部表面除锈（1.5分）。也可以借助电动打磨工具来减轻劳动强度，提高工作效率（1分）。

18. 答：(1)衬板过期，时间较长已老化（1.25分）。(2)衬胶后，冬季放于室外冻裂（1.25分）。(3)硫化时间过长，过硫化（1.25分）。(4)衬胶时烙铁过热，胶板受力伸张过大（1.25分）。

19. 答：(1)厚胶板硫化未分段完成（2.5分）。(2)硫化时蒸汽压力过高，引起胶板硫化反应激烈（2.5分）。

20. 答：(1)敞开式喷砂（丸）机械（2.5分）。(2)自动循环回收式喷砂机（2.5分）。

21. 答：(1)压贴不实（1.5分）。(2)胶板老化过期（1.5分）。(3)胶板不清洁、有污物影响粘贴（2分）。

22. 答：(1)手工清洗。(2)浸渍清洗。(3)喷射清洗。(4)滚筒清洗。(5)电解清洗。(6)超声波清洗。（总分5分，每错漏一处扣1分）

23. 答：腐蚀抑制性颜料是指颜料加入涂料中去（1分），可以降低被涂覆基材的腐蚀（1分）。漆膜表面呈现非常小的圆形腐蚀斑点的现象（2分）。这是由金属底材的腐蚀产物引起的（1分）。

24. 答：适用于大量的小的或轻的工件或空心件（2.5分）。不适于太薄的和可套合在一起的工件或表面忌划伤而又带有夹角、锐边的工件（2.5分）。

25. 答：漆膜由于其下的金属表面发生细丝状腐蚀而呈现的疏松线状隆起的现象（2.5分）。这种丝状腐蚀常由一个或几个腐蚀生长点辐射而成（2.5分）。

26. 答：(1)碱液浓度（1.25分）。(2)脱脂温度（1.25分）。(3)机械作用（1.25分）。(4)脱脂时间（1.25分）。

27. 答：金属（主要指钢铁）经含有锌、锰、铬、铁等磷酸盐的溶液（1.5分）处理后，由于金属和溶液的界面上发生化学反应（1.5分），生成主要为不溶或难溶于水的磷酸盐（1分），使金属表面形成一层附着良好的保护膜（1分），此过程成为磷化。

28. 答：下料（1分）→涂刷粘贴剂（1分）→衬里粘衬（1分）→接缝处理（1分）→检查（1分）。

29. 答：抛丸线工艺流程：上料→预热→抛丸→喷漆→干燥→下料。（总分5分，每错漏一处扣1分）

30. 答：(1)角向磨光机（砂轮）（1.25分）。(2)钢丝刷（1.25分）。(3)电（风）动针束除锈器（1.25分）。(4)风动敲锈锤（1.25分）。

31. 答：生产产品应认真贯彻执行 ISO 9001（5分）。

32. 答：基础标准（1.5分）；基本标准（1.5分）；支持技术类标准（2分）三类。

33. 答：化学除锈是利用酸对铁锈氧化物的溶解作用进行的酸洗处理（2分）。主要采用盐酸、硫酸、硝酸、磷酸及其他有机酸和氢氟酸的复合酸液（1分）。锈蚀产物中，FeO 易溶解，Fe_3O_4 较难溶解，Fe_2O_3 最难溶解（2分）。

34. 答:①为用户服务的观点(1分);②控制产品质量形成的全过程的观点(1.5分);③全员管理观点(1.5分);④用数据说话观点(1分)。

35. 答:呋喃树脂是以糠醛为主要原料制成的(1.5分),呋喃树脂防腐涂料就是以呋喃树脂为主要成膜物质(1.5分),加入适当的其他树脂、填料、溶剂、增塑剂和固化剂等调配而成(2分)。

36. 答:主要优点是耐蚀性好(1分),耐大多数酸、碱和有机溶剂(1分),耐热性好,可达到180℃(1分),原料来源广(1分),价格低廉(1分)。

37. 答:为获得优质的涂层(2.5分),在涂漆前对被涂物表面进行的一切准备工作(2.5分),称为漆前表面处理。

38. 答:酸化:指磷化液中游离酸(2.5分)和总酸浓度(2.5分)比值。

39. 答:酸洗→水洗→中和→流动水冲洗→钝化→干燥→防锈处理。(总分5分,每错漏一处扣1分)

40. 答:(1)黏结剂、胶浆的配制。(2)胶板下料与剪裁。(3)涂刷胶浆。(4)缺陷的处理。(5)衬贴胶板。(6)中间检查。(7)硫化。(总分5分,每错漏一处扣1分)

41. 答:(1)安全技术操作规程。(2)设备操作规程。(3)工艺规程。(总分5分,每错漏一处扣1分)

42. 答:产品质量特性,是指产品的一定总体中,用来区分各个体之间质量差别的性质、性能和特点方面的数据和参数(5分)。

43. 答:有碱液清洗(1.25分)、有机溶剂清洗(1.25分)、表面活性剂清洗(1.25分)和乳化液清洗(1.25分)四种。

44. 答:在两个表面(2.5分)上各涂一薄层铬酸锌底漆层(2.5分)。

45. 答:因为会损坏金属熔浆形成的防腐涂层(5分)。

46. 答:氢氧化物制品(2.5分)残留在铝制结构上对结构会产生腐蚀(2.5分)。

47. 答:腐蚀产物是多孔盐类(1分)、吸潮性强(1分)。起加速腐蚀的作用(3分)。

48. 答:(1)工件含碳量高。(2)前处理不彻底。(3)工件捆扎过密或悬挂方法不当。(4)电流密度偏低。(5)镀液温度偏低。(6)镀液中氢氧化钠含量偏高。(7)导电不良。(8)镀液中添加剂含量偏低。(9)工件过腐蚀。(总分5分,每错漏一处扣1分)

49. 答:(1)加强镀液维护。(2)加强镀后处理。(3)密封保管。(总分5分,每错漏一处扣1分)

50. 答:(1)电流密度过大。(2)游离氰化钠含量不足。(3)游离氢氧化钠含量不足。(总分5分,每错漏一处扣1分)

51. 答:(1)屏蔽作用。(2)缓蚀钝化作用。(3)牺牲阳极保护作用。(总分5分,每错漏一处扣1分)

52. 答:材料(通常是金属)或材料的性质由于与它所处环境的反应而恶化变质(2分),定义包含了三个方面的内容,即材料(1分)、环境(1分)及反应的种类(1分)。

53. 答:(1)介质(1.25分)。(2)温度(1.25分)。(3)流速(1.25分)。(4)压力(1.25分)。

54. 答:可分为大气腐蚀(1.25分)、水和蒸汽腐蚀(1.25分)、土壤腐蚀(1.25分)、化学介质腐蚀(1.25分)。

55. 答:(1)全面腐蚀(2.5分)。(2)局部腐蚀(2.5分)。

56. 答:(1)应力腐蚀破裂(1分)。(2)点蚀(1分)。(3)晶间腐蚀(1分)。(4)电偶腐蚀(1分)。(5)缝隙腐蚀(1分)。

57. 答:它分为宏观腐蚀电池(2.5分)和微观腐蚀电池(2.5分)。

58. 答:在金属表面由于存在许多微小的电极而形成的电池叫作微电池(2.5分)。微电池腐蚀是由于金属表面的电化学不均匀性所引起的自发而又均匀的腐蚀(2.5分)。

59. 答:消除或减弱(1分)阳极和阴极的极化作用(1分)的电极过程称为去极化作用(1分)或去极化过程(1分)。相应地有阳极的去极化过程和阴极的去极化过程(1分)。

60. 答:某些活泼金属或其合金(1分),由于它们的阳极过程受阻碍(1分),因而很多环境中的电化学性能接近于贵金属(1分),这种性能叫作金属的钝性(1分),金属具有钝性的性能叫作钝化(1分)。

61. 答:主要包括选材(1分)、工艺设计(1分)、强度设计(1分)、防腐蚀方法选择(1分)和正确的结构设计(1分)。

62. 答:用耐蚀性能良好的金属或非金属材料(1分)覆盖在耐蚀性能较差的材料表面(1分),将基底材料与服饰介质隔离开来(1分),以达到控制腐蚀的目的(1分),这种保护方法叫作覆盖层保护(1分)。

63. 答:利用化学反应(1分)使溶液中的金属离子(1分)析出,并在工件表面沉积(1.5分)而获得金属覆盖层(1.5分)的方法叫作化学镀。

64. 答:热浸镀是将工件浸入盛有比自身熔点更低(1分)的熔融金属槽(1分)中,或以一定的速度(1分)通过熔融金属槽(1分),使工件涂敷上低熔点覆盖层(1分)。

65. 答:涂料覆盖层是利用各种方法将(1分)涂料涂覆于被保护的金属或混凝土表面(2分),经固化(1分)后形成一层固体涂膜(1分)而得到的非金属覆盖层。

66. 答:(1)隔离作用。(2)缓蚀作用。(3)电化学作用。(总分5分,每错漏一处扣1分)

67. 答:(1)涂料对环境的适应性(1分)。(2)被保护的基体材料与涂层的适应性(1分)。(3)施工条件的可能性(1分)。(4)涂层的配套(1分)。(5)经济上的合理性(1分)。

68. 答:阴极保护是将被保护的金属与外加直流电源的负极相连(2分),在金属表面通入足够的阴极电流(1分),使金属电位变负(1分),从而使金属溶解速度减小的一种保护方法(1分)。

69. 答:阳极保护是将被保护的金属构件与外加直流电源的正极相连(2分),在电解质溶液中使金属构件阳极极化至一定的电位(1分),使其建立并维持稳定的钝化状态(1分),腐蚀速度显著降低,使设备得到保护(1分)。

70. 答:在腐蚀环境中(1分),通过添加少量(1分)能阻止或减缓金属腐蚀的物质(2分)使金属得到保护的方法(1分),称为缓蚀剂保护。

六、综 合 题

1. 答:(1)施工下料要求尺寸准确(2.5分)。(2)由于胶板以硫化好,衬胶后不需再进行硫化,所以应选用自然硫化的胶黏剂,施工较简单(2.5分)。(3)预硫化胶板与钢板采用常温自然硫化的胶黏剂黏合时,其黏结力一般低于热硫化的黏结力,能完全满足使用要求(2.5分)。

(4)常温硫化的黏结剂,一般为多组分,使用时要注意控制各组分的配比,严防漏加硬化剂(2.5分)。

2. 答:手工除锈是利用尖头锤、刮刀、铲刀、钢丝刷、砂布等简单工具来进行作业(2.5分),工人的劳动强度大,效率低,且除锈不彻底(2.5分)。手工除锈仅适合于小量作业和局部表面除锈(2.5分)。也可以借助电动打磨工具来减轻劳动强度,提高工作效率(2.5分)。

3. 答:锌黄防锈底漆的防锈能力,主要是锌黄中的铬酸锌和钢铁结合,生成铬酸铁,覆盖在钢铁表面,使钢铁的化学性能变得迟缓,不能产生化学的锈蚀(5分)。$3ZnCrO_4 + 2Fe \longrightarrow Fe_2(CrO_4)_3 + 3Zn$(2分)。此外,锌的电极电位比铁高,对铁来说它是正极。因此,它也是保护钢铁使之不被锈蚀的(3分)。

4. 答:在接近地面的土壤中,通常存在着各种可溶性的电解质(2.5分),还有有轨电车的钢轨和电气设备、无线电、收发报机、电视天线等设备的接地线(2.5分),都可能把电流带到土壤中,使埋在土壤中的金属管道,或其他金属物成为电极,它们的阳极区会被杂散电流腐蚀,称为电蚀(2.5分)。也可称为电解腐蚀。电蚀的腐蚀速度快,破坏严重(2.5分)。

5. 答:在被涂物涂装前,为了获得优质的涂膜,应对被涂物表面进行涂装前的准备工作,称为涂装前的表面预处理(5分)。表面预处理的目的就是消除被涂物表面上的各种污垢,即对被涂物表面进行各种物理和化学处理,以消除被涂物表面的机械加工缺陷,从而提高涂膜的附着力和耐腐蚀性(5分)。

6. 答:(1)设备有砂眼、气孔等缺陷未发现或堵塞处理不当(2分)。(2)压贴衬板时,局部未除去残存气体(2分)。(3)设备焊缝、转角处未处理好(2分)。(4)胶板有气体未排除(2分)。(5)除锈不彻底或在刷浆过程中落上灰尘或其他污物(2分)。

7. 答:闪锈抑制剂,可以防止被水性涂料涂覆的易氧化的金属表面闪锈的生成(5分)。一般在漆膜干燥前,通常会在金属表面产生圆形的锈斑,为了抑制闪锈的生成,pH值的控制是非常重要的,还可以使用闪锈抑制剂(3分)。少量的抑制剂就可以抑制或阻止闪锈的生成。胺类物质如吗啉和AMP也可有助于抑制闪锈的生成(2分)。

8. 答:首先目测衬里的外观(2分),观察接缝质量是否合格(2分),然后用高频火花检测仪检测有无针孔等缺陷,衬里层表面有无裂痕、刀痕、小孔等缺陷(2分),之后还应装水试漏,放满水之后,必须经过24 h以上,再检查有无水从设备底部观察孔中漏出。如有渗漏,必须找出渗漏处观察修补,或者对所有焊缝进行热风熔融补焊(4分)。

9. 答:(1)粉尘治理(2.5分)。(2)废液及废弃物治理(2.5分)。(3)固体废物治理(2.5分)。(4)噪声治理(2.5分)。

10. 答:(1)碱液清洗(2.5分)。(2)有机溶剂清洗(2.5分)。(3)表面活性剂清洗(2.5分)。(4)乳化液清洗(2.5分)。

11. (1)电极材料由两种活性不同的金属或由一种金属与一种其他导电的材料(非金属或某些氧化物)(4分)。(2)两电极必须进浸泡在电解质溶液中浸洗(3分)。(3)两电极之间有导线相连,形成闭合回路蒸汽(3分)。

12. 答:(1)必须在良好的通风条件下进行操作。因为氰化物镀铜的主盐氰化亚铜和络合剂氰化物均为毒药品。电镀时会有剧毒的气体产生,工人须戴好口罩和橡胶手套,严防中毒(2.5分)。(2)正常的氰化物镀铜溶液为澄清的米黄色,阳极溶解正常时,其表面呈现电解铜的暗红色。若镀液颜色为蓝绿色,且阳极溶解不正常,其表面为浅蓝色,则说明溶液中氰化钠严重不足(2.5分)。(3)工件装挂时,不得过密,不允许互相遮蔽(2.5分)。(4)作为底镀层的氰化镀铜,在入槽电镀时,电流密度不要过大,取下限值为好。因为电流密度稍小时,镀层较细致,适宜作为底层。从镀层的颜色上也可以分辨电流度偏小时,镀层呈暗红色;电流密度偏大时,镀层则呈玫瑰红色(2.5分)。

13. 答:镍磷合金镀层在氯化钠、氯化铵、盐酸、硫酸、氢氟酸及一些有机酸中表现出良好的耐蚀性能(5分)。随着镀层含磷量的增加,耐蚀性提高,当磷的质量分数超过了13%时,耐蚀性有所下降(2.5分)。镍磷合金镀层经过热处理后,改变了非晶态结构,虽然硬度提高了,耐蚀性却有所下降(2.5分)。

14. 答:仿金镀层很薄并且本身无抗氧化能力,若仿金镀后处理不及时,在湿热的环境中镀层则会被氧化,易变色和泛黑斑,而且有时严重氧化的工件需进行所以要求后处理各道工序必须连续不断地进行(5分)。对于出现粗糙、起泡、脱皮或烧焦的仿金镀件必须将镀层退除重镀,而其他不合格仿金镀层则不必退除,可以用稀盐酸活化并清洗干净,再重镀光亮镍和仿金镀层(5分)。

15. 答:(1)1 m² 内直径小于等于5 mm气泡不多于5个(2.5分)。(2)无脱层,搭边无翘起(2.5分)。(3)衬里表面的凹坑深度小于或等于0.5 mm(2.5分)。(4)胶板与金属表面,胶板与胶板的剥离强度大于60 N/2.5 cm²(2.5分)。

16. 答:(1)提高耐蚀性(2分)。(2)提高基体与涂层间或其他有机精饰层间的附着力(2分)。(3)提供清洁表面(2分)。(4)改善材料的冷加工性能(2分)。(5)改进表面摩擦性能(2分)。

17. 答:腐蚀危害到国民经济的各个部门,不但会造成巨大的经济损失(4分),而且严重地阻碍科学的发展(3分),同时对人的生命、国家财产及环境构成极大的威胁,对能源造成极大的浪费(3分)。

18. 答:(1)除锈前,首先除去表面各种可见污物,然后用溶剂或清洗剂脱脂(2分)。(2)用钨钢铲刀铲去大面积锈蚀(1分)。(3)用刮刀和钢丝刷除去边角部位锈蚀(1分)。(4)用锉除去焊渣等突出物和各种毛刺(1分)。(5)用砂布和钢丝刷进行清理(1分)。(6)用干净抹布,也可以用抹布蘸取溶剂进行清洁并及时涂装底漆(2分)。(7)注意对于尚未失效的韧性涂膜,可予以保留,并用砂布打毛旧漆表面,将涂膜缺损处打磨成斧形,清洁后直接涂漆(2分)。

19. 答:喷砂和喷丸的原理基本相同(2分),它们是用适当压力的压缩空气,使砂粒或钢丸以每秒几十米的速度喷出,冲击钢铁表面的氧化皮和铁锈层,从而使钢板表面氧化皮和铁锈层被快速清除(3分)。当压缩空气工作压力达到0.4~0.5 MPa,喷射器喷出的砂粒或钢丸喷射到钢铁表面上时,产生非常大的冲击力和摩擦力,依靠冲击、磨削等作用除锈(5分)。

20. 答:(1)确认喷丸人员与所用的喷枪、喷丸缸和次序、编号(1.5分)。(2)调整喷砂室除尘系统和转换阀门,使全室处于通风位置(1.5分)。(3)启动风机时,应按照电气设备的要求,逐级启动,直至投入正常运转(1.5分)。(4)喷丸工人穿好防护服,戴好防护头盔,手握喷丸胶管,进入喷砂车间,另一工人先将铁丸装满丸缸,待开压缩空气进口阀开始供给呼吸用气。得到要求喷射的信号后,打开总阀(1.5分)。(5)开启喷丸缸时,先开启压气阀,再微开进气阀,然后打开出丸阀,最后调节进气阀和出丸阀,使出丸量和进气量的混合比达到最佳喷射条件为止,通常对密闭的舱室喷丸,出丸量要小一些(1分)。(6)喷丸过程中,掌握适合的喷射距离和喷射角度,防止铁丸的飞溅,对环形工件和有底的工件,首先应先喷射底部,然后再射顶部和周围,否则喷射溅落的铁丸在底部汇聚,造成喷射困难(1分)。(7)喷射工作完成时,首先关闭出丸阀,再连续供气几分钟,把管道内剩余的磨料全喷完,同时吹净管道后,再关闭进气阀(1分)。(8)喷丸工作结束后,全室通风的风机继续开动5～10分钟,使喷丸车间的含尘气体排净(1分)。

21. 答:(1)为了获得质量更好更均匀致密的磷化膜,可以采用表面调整的方法,有轻度喷砂和抛丸等机械处理,酸洗和能产生表面吸附作用的表面调整剂(2.5分)。(2)由于磷化膜薄且多孔,耐蚀性有限,所以在磷化处理后,通常进行钝化,常用的方法是在空气中进行氧化,效果更好的方法是用铬酸盐进行浸泡处理(2.5分)。(3)磷化后水洗的目的是去掉磷化膜表面吸附的可溶性盐,防止涂膜起泡。注意要用干净的水进行多次冲洗,尤其是最后一道冲洗必须用去离子水(2.5分)。(4)水洗后干燥可尽快去除磷化膜中的结晶水,为下道涂装做好准备。最好采用烘干的方式,对于结构简单、要求不严的工件也可采用简单的自然干燥(2.5分)。

22. 答:(1)提高涂层对材料表面的附着力。根据吸附理论,物理吸附强度与距离的六次方成反比,所以涂料应该与底材有充分的浸润才能形成良好的涂膜附着(3分)。(2)提高涂层对金属基体的防腐蚀保护能力。钢铁生锈以后,锈蚀产物中含有很不稳定的铁酸,它在涂层下仍会使锈蚀扩展和蔓延,使涂层迅速破坏而丧失保护功能(4分)。(3)提高基体表面的平整度。铸件表面的型砂、焊渣及铁锈等严重影响涂层的外观,必须经过合理的表面处理(3分)。

23. 答:清除铁锈和氧化皮的方法有:(1)手工处理,使用砂布、刮刀、锤子、钢丝刷或废砂轮等工具清除表面污物(2.5分)。(2)机械处理,用风动刷、除锈枪、电动刷、电动砂轮及针束除锈器等处理工具(2.5分)。(3)喷砂处理,用机械离心、压缩空气、高压水流等为动力,将磨料砂石或钢丸投射到物体表面(2.5分)。(4)化学处理,用各种配方的酸性溶液,使之与钢铁表面的铁锈或氧化皮起化学作用来清除净锈迹和氧化皮(2.5分)。

24. 解:$100 \times (1+0.1) \div 5 = 22(kg)$(5分)

答:需油漆22 kg(5分)。

25. 解:$[0.032/(100 \times 50 \times 2)] \times 1\,000 \times 1\,000 = 3.2(g)$(5分)

答:每平方米钢板上磷化膜重为3.2 g(5分)。

26. 答:(1)防护性镀层(4分)。(2)装饰性镀层(3分)。(3)修复性镀层(3分)。

27. 答:不同金属有不同的电极电位(2.5分),当镀层与基体金属产生过大的电极电位差时(2.5分),就会产生镀层与基体金属的接触腐蚀(2.5分)。接触腐蚀分为0级、1级、2级三个级别(2.5分)。

28. 答:机械整平(2.5分)、脱脂(2.5分)、浸蚀(2.5分)、水洗(2.5分)。

29. 答:喷砂常用磨料主要有钢砂(2.5分)、氧化铝砂(2.5分)、石英砂(2.5分)、碳化硅等(2.5分)。

30. 答:常用的脱脂方法包括有机溶剂脱脂(2分)、化学脱脂(2分)、电化学脱脂(2分)、擦拭脱脂(2分)、滚筒脱脂(1分)和超声波脱脂(1分)。

31. 答:电化学浸蚀是将待处理的金属材料放置于浸蚀液中(2.5分),以金属材料作为阳极或阴极(2.5分),并通以直流电源(2.5分),利用电解作用除去材料表面的氧化皮和其他腐蚀产物的过程(2.5分)。

32. 答:(1)有机溶剂或乳化剂脱脂(2.5分)。(2)碱腐蚀(2.5分)。(3)浸酸(2.5分)。(4)活化(2.5分)。

33. 答:前面叙述的敞开式喷砂(丸)除锈设备(2.5分),具有除锈效率高、质量好等特点(2.5分),但粉尘在一定范围内四处飞扬,工作环境较为恶劣(2.5分)。自动循环回收式喷砂机集喷砂、回收、循环、分离、除尘于一体,无污染及砂料四处飞扬现象,是新一代的环保型喷砂设备(2.5分)。

防腐蚀工(初级工)技能操作考核框架

一、框架说明

1. 依据《国家职业标准》注,以及中国中车确定的"岗位个性服从于职业共性"的原则,提出防腐蚀工(初级工)技能操作考核框架(以下简称:技能考核框架)。

2. 本职业等级技能操作考核评分采用百分制。即:满分为 100 分,60 分为及格,低于 60 分为不及格。

3. 实施"技能考核框架"时,考核制件(活动)命题可以选用本企业的加工件(活动项目),也可以结合实际另外组织命题。

4. 实施"技能考核框架"时,考核的时间和场地条件等应依据《国家职业标准》,并结合企业实际确定。

5. 实施"技能考核框架"时,其"职业功能"的分类按以下要求确定:

(1)"防腐蚀作业"属于本职业等级技能操作的核心职业活动,其"项目代码"为"E"。

(2)"工艺准备"、"质量检验"、"设备的维护保养"属于本职业等级技能操作的辅助性活动,其"项目代码"分别为"D"和"F"。

6. 实施"技能考核框架"时,其"鉴定项目"和"选考数量"按以下要求确定:

(1)按照《国家职业标准》有关技能操作鉴定比重的要求,本职业等级技能操作考核制件的"鉴定项目"应按"D"+"E"+"F"组合,其考核配分比例相应为:"D"占 20 分,"E"占 60 分,"F"占 20 分(其中:质量检验 10 分,设备的维护保养 10 分)。

(2)依据中国中车确定的"核心职业活动选取 2/3,并向上取整"的规定,在"E"类鉴定项目——"防腐蚀作业"的全部 11 项中,至少选取 8 项。

(3)依据中国中车确定的"其余'鉴定项目'的数量可以任选"的规定,"D"和"F"类鉴定项目——"工艺准备"、"质量检验"、"设备的维护保养"中,至少分别选取 1 项。

(4)依据中国中车确定的"确定'选考数量'时,所涉及'鉴定要素'的数量占比,应不低于对应'鉴定项目'范围内'鉴定要素'总数的 60%,并向上取整"的规定,考核制件(活动)的鉴定要素"选考数量"应按以下要求确定:

①"D"类"鉴定项目"中,在已选定的 1 个鉴定项目中,至少选取已选鉴定项目所对应的全部鉴定要素的 60%项,并向上保留整数。

②在"E"类"鉴定项目"中,在已选定的至少 8 个鉴定项目所包含的全部鉴定要素中,至少选取总数的 60%项,并向上保留整数。

③在"F"类"鉴定项目"中,对应"质量检验"的 3 个鉴定要素,至少选取 2 项;对应"设备的维护保养"的 6 个鉴定要素,至少选取 4 项。

举例分析:

按照上述"第 6 条"要求,若命题时按最少数量选取,即:在"D"类鉴定项目中选取了"读图与绘图"1 项,在"E"类鉴定项目中选取了"合理选择适用设备"、"普通防腐蚀设备的维护保养"、"工件定位与夹紧"、"基体表面处理"、"涂层防腐蚀作业"、"塑料防腐蚀作业"、"化学清洗防腐蚀作业"、"电化学保护作业"8 项,在"F"类鉴定项目中分别选取了"防腐蚀层检测"和"设备维护与保养"2 项,则:

此考核制件所涉及的"鉴定项目"总数为 11 项,具体包括:"读图与绘图"、"合理选择适用设备"、"普通防腐蚀设备的维护保养"、"工件定位与夹紧"、"基体表面处理"、"涂层防腐蚀作业"、"塑料防腐蚀作业"、"化学清洗防腐蚀作业"、"电化学保护作业"、"防腐蚀层检测"和"设备维护与保养";

此考核制件所涉及的鉴定要素"选考数量"相应为 25 项,具体包括:"读图与绘图"鉴定项目包含的全部 8 个鉴定要素中的 5 项,"合理选择适用设备"、"普通防腐蚀设备的维护保养"、"工件定位与夹紧"、"基体表面处理"、"涂层防腐蚀作业"、"塑料防腐蚀作业"、"化学清洗防腐蚀作业"、"电化学保护作业"8 个鉴定项目包括的全部 22 个鉴定要素中的 14 项,"防腐蚀层检测"鉴定项目包含的全部 3 个鉴定要素中的 2 项,"设备维护与保养"包含的全部 6 个鉴定要素中的 4 项。

7. 本职业等级技能操作需要两人及以上共同作业的,可由鉴定组织机构根据"必要、辅助"的原则,结合实际情况确定协助人员的数量。在整个操作过程中,协助人员只能起必要、简单的辅助作用。否则,每违反一次,至少扣减应考者的技能考核总成绩 10 分,直至取消其考试资格。

8. 实施"技能考核框架"时,应同时对应考者在质量、安全、工艺纪律、文明生产等方面行为进行考核。对于在技能操作考核过程中出现的违章作业现象,每违反一项(次)至少扣减技能考核总成绩 10 分,直至取消其考试资格。

注:按照中国中车规定,各《职业技能操作考核框架》的编制依据现行的《国家职业标准》或现行的《行业职业标准》或现行的《中国中车职业标准》的顺序执行。

二、防腐蚀工(初级工)技能操作鉴定要素细目表

职业功能	鉴定项目				鉴定要素		
	项目代码	名　称	鉴定比重(%)	选考方式	要素代码	名　称	重要程度
工艺准备	D	读图与绘图	20	任选	001	零件图识图	X
					002	防腐蚀标准类图识图	X
					003	基本符号的识别	Y
					004	防腐蚀过程的判定	X
					005	正等侧的识图	Y
					006	斜二侧的识图	Y
					007	了解防腐蚀设备图	Y
					008	了解电控箱图	Y
		理解防腐蚀的加工工艺			001	辅助材料用料估算	-
					002	单工序料件防腐蚀方法判断	X

续上表

职业功能	鉴定项目		鉴定比重(%)	选考方式	鉴定要素		
	项目代码	名　称			要素代码	名　称	重要程度
工艺准备	D	理解防腐蚀的加工工艺	20	任选	003	读懂单工序防腐蚀涂装施工方案	X
					004	读懂单工序防腐蚀电镀施工方案	X
		合理选择料件工装			001	根据图纸选择合理的工装	X
		合理选择防腐蚀药品			001	简单工序防腐蚀药品的选择	Y
		合理选择适用工具			001	油漆喷枪的种类与基本操作	Y
防腐蚀作业	E	合理选择适用设备	60	至少选8项	001	了解电镀设备种类与用途	Y
					002	了解其他防腐蚀设备种类与用途	Y
		普通防腐蚀设备的维护保养			001	了解普通喷漆室的常规保养	Y
					002	了解普通电镀设备的常规保养	Z
		工件定位与夹紧			001	简单工件的正确定位与夹紧	X
					002	简单夹具的种类、结构与使用	Z
		基本表面处理			001	能对基体表面进行打磨、清灰、脱脂、干燥等处理	X
					002	能使用工具对基体表面进行除锈	X
					003	能涂刷底涂、黏结剂	Y
					004	能调节烘房的烘干温度、时间	Z
		涂层防腐蚀作业			001	能按要求配制涂料	Y
					002	能对基体表面缺陷进行修补	Y
					003	能对基体表面进行喷、涂操作	Y
		砖板衬里防腐蚀作业			001	能按要求配置胶泥、排料	Y
					002	能对平面、壳体与平形底链接部位	X
		橡胶衬里防腐蚀作业			001	能操作硫化罐进行橡胶衬里硫化	Y
					002	能记录橡胶衬里硫化全过程	X
		塑料防腐蚀作业			001	能简单下料、打坡口、烘板、清洁	Y
					002	能进行圆筒体成型	Y
					003	能对常用塑料进行简单加工、安装、焊接	Y
					004	能处理焊枪的故障热塑粘贴	Y
		纤维增强树脂防腐蚀			001	能剪裁纤维材料、配制树脂胶料	X
					002	能对基体涂刷底料	Y
					003	能在基体表面刮抹腻子	X
		化学清洗防腐蚀作业			001	能按照配制工艺要求操作、检测	Y
					002	能进行水试行运转操作	Y
					003	能按工艺顺序进行化学清洗操作	Y
		电化学保护作业			001	非电子转移槽的溶液配制	Y
					002	能按照配制工艺要求操作、检测	Y

续上表

职业功能	鉴定项目				鉴定要素		
	项目代码	名　称	鉴定比重(%)	选考方式	要素代码	名　称	重要程度
质量检验	F	防腐蚀层检测	10	必选	001	能目测、记录膜层表观质量	X
					002	能使用检测仪器进行防腐蚀膜层针孔、厚度、硬度、涂料黏度、附着力等检测	X
					003	能检查基体表面缺陷	X
设备的维护保养		设备维护与保养	10	必选	001	设备操作规程	X
					002	设备日常点检	Y
					003	设备润滑	X
					004	设备保养	X
					005	识别报警排除简单故障	X
					006	配合执行现场 5S 管理	X

注:重要程度中 X 表示核心要素,Y 表示一般要素,Z 表示辅助要素。下同。

防腐蚀工(初级工)
技能操作考核样题与分析

职业名称：＿＿＿＿＿＿＿＿＿＿＿＿

考核等级：＿＿＿＿＿＿＿＿＿＿＿＿

存档编号：＿＿＿＿＿＿＿＿＿＿＿＿

考核站名称：＿＿＿＿＿＿＿＿＿＿

鉴定责任人：＿＿＿＿＿＿＿＿＿＿

命题责任人：＿＿＿＿＿＿＿＿＿＿

主管负责人：＿＿＿＿＿＿＿＿＿＿

中国中车股份有限公司劳动工资部制

职业技能鉴定技能操作考核制件图示或内容

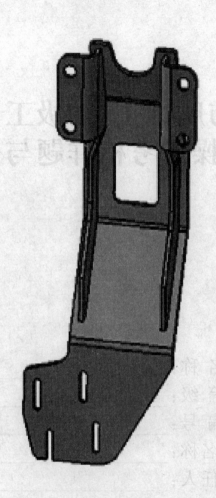

1. 料件前处理。
2. 分色保护。
3. 底涂喷涂。
4. 设备维护。

职业名称	防腐蚀工
考核等级	初级工
试题名称	转向架小件防腐涂装
材质等信息:钢板 6-S355J2	

职业技能鉴定技能操作考核准备单

职业名称	防腐蚀工
考核等级	初级工
试题名称	转向架小件防腐涂装

一、材料准备

1. 材料名称:磷化药品、油漆、3M2380 胶带、擦布、白布、砂纸、壁纸刀、塑料保护堵等。
2. 劳动保护用品穿戴整齐。
3. 料件图纸。

二、设备、工、量、卡具准备清单

序号	名　称	规　格	数　量	备　注
1	磷化流水线		1	
2	喷漆挂架		1	
3	台秤		1	
4	空气喷枪		1	
5	漆膜测厚仪		1	
6	漆膜划格器		1	
7	电子称		1	
8	涂-4 黏度杯		1	
9	温湿度计		1	

三、考场准备

1. 确认所需设备均状态正常,可以正常使用。
2. 喷漆室运行正常,通风良好。
3. 环境条件:

温度:允许的最低(环境)温度>15℃,推荐的最低(环境)温度 18℃,底材的最低温度 18℃,涂料的最低温度 18℃,最高温度<30°。

空气相对湿度:小于 80%。

照度:不小于 300 Lux。

四、考核内容及要求

1. 考核内容:在规定的时限内完成指定料件的防腐涂装工作。

(1)喷漆前处理及检查:磷化。对料件检查是否合格,对不合格料件进行喷涂不得分。

(2)对料件进行保护:使用胶带、塑料保护堵等,根据图纸要求对料件进行保护,尺寸正确,界限分明。

(3)防腐蚀底漆喷涂:喷涂前对工件进行打磨。涂层单层厚度 40～60 μm,不得有流坠、橘皮等缺陷。

(4)工具设备的使用与维护:注意料件的保护、现场卫生、安全,劳保用品的穿戴。

2.考核时限:100 分钟。

3.考核评分(表)

工 种	防腐蚀工		简图:			
试题名称	转向架小件防腐涂装					
加工方法	涂装					
选用材料	钢板 6-S355J2					
开考时间						
结束时间						

序号	项 目	配分	评定标准	实测结果	扣 分	得 分
1	喷漆前处理	10	喷漆前磷化处理。先清洁后磷化,要求磷化膜均匀,表面无油脂。每出现一处不符合扣 3 分			
2	检查	10	对料件检查是否合格,对不合格料件进行喷涂不得分			
3	对料件进行保护	30	使用胶带、塑料保护堵等,根据图纸要求对料件进行保护,尺寸正确,界限分明。每错一处扣 5 分			
4	防腐蚀底漆喷涂	30	喷涂前对工件进行打磨。涂层单层厚度 40～60 μm,不得有流坠、橘皮等缺陷,每出现一处不符合项扣 3 分			
5	工具设备的使用与维护	10	注意料件的保护、现场卫生、安全,劳保用品的穿戴,每缺一项扣 2 分			
6	考核时限	不限	每超时 10 分钟,扣 5 分			
7	工艺纪律	不限	依据企业有关工艺纪律管理规定执行,每违反一次扣 10 分			
8	劳动保护	不限	依据企业有关劳动保护管理规定执行,每违反一次扣 10 分			
9	文明生产	不限	依据企业有关文明生产管理规定执行,每违反一次扣 10 分			
10	安全生产	不限	依据企业有关安全生产管理规定执行,每违反一次扣 10 分,有重大安全事故,取消成绩			
合计分数			是否合格			
制造方法部		质量保证部		基层单位		
培训中心			主考人			

职业技能鉴定技能考核制件(内容)分析

职业名称	防腐蚀工
考核等级	初级工
试题名称	转向架小件防腐涂装
职业标准依据	国家职业标准

试题中鉴定项目及鉴定要素的分析与确定

分析事项＼鉴定项目分类	基本技能"D"	专业技能"E"	相关技能"F"	合计	数量与占比说明
鉴定项目总数	5	11	2	18	核心职业活动占比大于2/3
选取的鉴定项目数量	3	8	2	13	
选取的鉴定项目数量占比(%)	60	72.7	100	72.2	
对应选取鉴定项目所包含的鉴定要素总数	13	22	9	44	鉴定要素数量占比大于60%
选取的鉴定要素数量	8	16	6	30	
选取的鉴定要素数量占比(%)	61.5	72.7	67	68.2	

所选取鉴定项目及相应鉴定要素分解与说明

鉴定项目类别	鉴定项目名称	国家职业标准规定比重(%)	《框架》中鉴定要素名称	本命题中具体鉴定要素分解	配分	评分标准	考核难点说明
"D"	工艺准备	20	读图与绘图	零件图识图	2	识图	
				防腐蚀标准类图识图	2	识图	
				正等侧的识图	2	识图	
				斜二侧的识图	3	识图	
			理解防腐蚀的加工工艺	辅助材料用料估算	3	基本无浪费	
				单工序料件防腐蚀方法判断	3	能够选择合理操作方式	
				读懂单工序防腐蚀涂装施工方案	3	能够对简单防腐蚀料件自行操作	
			合理选择适用工具	油漆喷枪的种类与基本操作	2	选用工具合理	
"E"	防腐蚀操作	60	合理选择适用设备	了解其他防腐蚀设备种类与用途	3	熟练启动设备	
			普通防腐蚀设备的维护保养	了解普通喷漆室的常规保养	3	保养设备	
			工件定位与夹紧	简单工件的正确定位与夹紧	4	工装使用正确	
				简单夹具的种类、结构与使用	4	夹具使用正确	
			基本表面处理	能对基体表面进行打磨、清灰、脱脂、干燥等处理	5	料件清洁彻底	
				能使用工具对基体表面进行除锈	4	抛丸操作正确	

鉴定项目类别	鉴定项目名称	国家职业标准规定比重(%)	《框架》中鉴定要素名称	本命题中具体鉴定要素分解	配分	评分标准	考核难点说明
"E"	防腐蚀操作	60	基本表面处理	能涂刷底涂、黏结剂等	4	涂抹防锈油	
			涂层防腐蚀作业	能按要求配制涂料	4	按要求配置涂料	
				能对基体表面缺陷进行修补	5	腻子修补	
				能对基体表面进行喷、涂操作	5	喷涂油漆,无流坠、橘皮等缺陷	
			塑料防腐蚀作业	能简单下料、打坡口、烘板、清洁	4	清洁塑料保护堵	
			化学清洗防腐蚀作业	能按照配制工艺要求操作、检测	2	清洗液使用正确	
				能进行水试行运转操作	3	清洗剂操作良好	
				能按工艺顺序进行化学清洗操作	2	清洗剂无残留	
			电化学保护作业	非电子转移槽的溶液配制	3	配置槽液	
				能按照配制工艺要求操作、检测	5	掌握工序操作时间	
"F"	质量检查	20	防腐蚀层检测与缺陷分析	能目测、记录膜层表观质量	4	目测无流坠、橘皮等缺陷	
				能使用检测仪器进行防腐蚀膜层针孔、厚度、硬度、涂料黏度、附着力等检测	4	正确使用	
	设备的维护保养		设备维护与保养	设备操作规程	3	正确操作	
				设备日常点检	3	认真记录	
				识别报警排除简单故障	3	能够处理简单故障	
				配合执行现场 5S 管理	3	工作后整理现场	
质量、安全、工艺纪律、文明生产等综合考核项目				考核时限	不限	每超时 10 分钟,扣 5 分	
				工艺纪律	不限	依据企业有关工艺纪律管理规定执行,每违反一次扣 10 分	
				劳动保护	不限	依据企业有关劳动保护管理规定执行,每违反一次扣 10 分	

鉴定项目类别	鉴定项目名称	国家职业标准规定比重(%)	《框架》中鉴定要素名称	本命题中具体鉴定要素分解	配分	评分标准	考核难点说明
质量、安全、工艺纪律、文明生产等综合考核项目				文明生产	不限	依据企业有关文明生产管理规定执行，每违反一次扣10分	
				安全生产	不限	依据企业有关安全生产管理规定执行，每违反一次扣10分，有重大安全事故，取消成绩	

防腐蚀工(中级工)技能操作考核框架

一、框架说明

1. 依据《国家职业标准》^注，以及中国中车确定的"岗位个性服从于职业共性"的原则，提出防腐蚀工(中级工)技能操作考核框架(以下简称:技能考核框架)。

2. 本职业等级技能操作考核评分采用百分制。即:满分为 100 分,60 分为及格,低于 60 分为不及格。

3. 实施"技能考核框架"时,考核制件(活动)命题可以选用本企业的加工件(活动项目),也可以结合实际另外组织命题。

4. 实施"技能考核框架"时,考核的时间和场地条件等应依据《国家职业标准》,并结合企业实际确定。

5. 实施"技能考核框架"时,其"职业功能"的分类按以下要求确定:

(1)"防腐蚀作业"属于本职业等级技能操作的核心职业活动,其"项目代码"为"E"。

(2)"工艺准备"、"检查与分析"、"设备的维护保养"属于本职业等级技能操作的辅助性活动,其"项目代码"分别为"D"和"F"。

6. 实施"技能考核框架"时,其"鉴定项目"和"选考数量"按以下要求确定:

(1)按照《国家职业标准》有关技能操作鉴定比重的要求,本职业等级技能操作考核制件的"鉴定项目"应按"D"+"E"+"F"组合,其考核配分比例相应为:"D"占 20 分,"E"占 60 分,"F"占 20 分(其中:检查与分析 10 分,设备维护保养 10 分)。

(2)依据中国中车确定的"核心职业活动选取 2/3,并向上取整"的规定,在"E"类鉴定项目——"防腐蚀作业"的全部 11 项中,至少选取 8 项。

(3)依据中国中车确定的"其余'鉴定项目'的数量可以任选"的规定,"D"和"F"类鉴定项目——"工艺准备"、"检验与分析"、"设备的维护保养"中,至少分别选取 1 项。

(4)依据中国中车确定的"确定'选考数量'时,所涉及'鉴定要素'的数量占比,应不低于对应'鉴定项目'范围内'鉴定要素'总数的 60%,并向上取整"的规定,考核制件(活动)的鉴定要素"选考数量"应按以下要求确定:

①"D"类"鉴定项目"中,在已选定的至少 1 个鉴定项目中,至少选取已选鉴定项目所对应的全部鉴定要素的 60%项,并向上保留整数。

②在"E"类"鉴定项目"中,在已选定的至少 8 个鉴定项目所包含的全部鉴定要素中,至少选取总数的 60%项,并向上保留整数。

③在"F"类"鉴定项目"中,对应"检验与分析"的 4 个鉴定要素,至少选取 3 项;对应"设备的维护保养"的 6 个鉴定要素,至少选取 4 项。

举例分析:

按照上述"第 6 条"要求,若命题时按最少数量选取,即:在"D"类鉴定项目中选取了"读图与绘图"等 1 项,在"E"类鉴定项目中选取了"合理选择适用设备"、"防腐蚀设备的维护保养"、"工件定位与夹紧"、"基体表面处理"、"涂层防腐蚀作业"、"塑料防腐蚀作业"、"化学清洗防腐蚀作业"、"电化学保护作业"8 项,在"F"类鉴定项目中分别选取了"防腐蚀层检测与缺陷分析"和"设备维护与保养"等 2 项,则:

此考核制件所涉及的"鉴定项目"总数为 11 项,具体包括:"读图与绘图","合理选择适用设备"、"防腐蚀设备的维护保养"、"工件定位与夹紧"、"基体表面处理"、"涂层防腐蚀作业"、"塑料防腐蚀作业"、"化学清洗防腐蚀作业"、"电化学保护作业"、"防腐蚀层检测与缺陷分析"和"设备维护与保养";

此考核制件所涉及的鉴定要素"选考数量"相应为 26 项,具体包括:"读图与绘图"鉴定项目包含的全部 8 个鉴定要素中的 5 项,"合理选择适用设备"、"防腐蚀设备的维护保养"、"工件定位与夹紧"、"基体表面处理"、"涂层防腐蚀作业"、"塑料防腐蚀作业"、"化学清洗防腐蚀作业"、"电化学保护作业"8 个鉴定项目包括的全部 22 个鉴定要素中的 14 项,"防腐蚀层检测与缺陷分析"鉴定项目包含的全部 4 个鉴定要素中的 3 项,"设备维护与保养"鉴定项目包含的全部,6 个鉴定要素中的 4 项。

7. 本职业等级技能操作需要两人及以上共同作业的,可由鉴定组织机构根据"必要、辅助"的原则,结合实际情况确定协助人员的数量。在整个操作过程中,协助人员只能起必要、简单的辅助作用。否则,每违反一次,至少扣减应考者的技能考核总成绩 10 分,直至取消其考试资格。

8. 实施"技能考核框架"时,应同时对应考者在质量、安全、工艺纪律、文明生产等方面行为进行考核。对于在技能操作考核过程中出现的违章作业现象,每违反一项(次)至少扣减技能考核总成绩 10 分,直至取消其考试资格。

注:按照中国中车规定,各《职业技能操作考核框架》的编制依据现行的《国家职业标准》或现行的《行业职业标准》或现行的《中国中车职业标准》的顺序执行。

二、防腐蚀工(中级工)技能操作鉴定要素细目表

职业功能	鉴定项目				鉴定要素		
	项目代码	名 称	鉴定比重(%)	选考方式	要素代码	名 称	重要程度
工艺准备	D	读图与绘图	20	任选	001	零件简图绘制	X
					002	防腐蚀标准类简图绘制	X
					003	一般符号的识别	Y
					004	简单防腐蚀流程图识别绘制	X
					005	正等侧的画法	Y
					006	斜二侧的画法	Y
					007	掌握防腐蚀设备图	Y
					008	看懂电控箱图	Y
		能制定防腐蚀的加工工艺			001	化工材料用料估算	X
					002	基本料件防腐蚀方法选择	X

职业功能	项目代码	鉴定项目名 称	鉴定比重(%)	选考方式	要素代码	鉴定要素名 称	重要程度
工艺准备	D	能制定防腐蚀的加工工艺	20	任选	003	制定防腐蚀施工方案	X
					004	判断操作环境、材料是否符合工艺要求	X
					005	制定防腐蚀工艺流程	X
		能合理选择料件工装			001	根据图纸制作简单合理的工装	X
		能合理选择防腐蚀药品			001	防腐蚀药品的选择	Y
		能合理选择适用工具			001	普通油漆喷枪的用途	Y
防腐蚀作业	E	合理选择适用设备	60	至少选8项	001	掌握电镀设备种类与用途	Y
					002	掌握其他防腐蚀设备种类与用途,并能安装小型设备	Y
		防腐蚀设备的维护保养			001	掌握普通喷漆室的常规保养	Y
					002	掌握普通电镀设备的常规保养	Z
		工件定位与夹紧			001	基本工件的正确定位与夹紧	X
					002	通用夹具的种类、结构与使用	Z
		基本表面处理			001	能按工作顺序连接防腐蚀装置	X
					002	能进行防腐蚀处理,判定防腐蚀等级	X
					003	能进行底涂料、黏结剂的调配	Y
					004	能进行混凝土基体表面软界面处理	Z
		涂层防腐蚀作业			001	能根据环境温湿度判断配制涂料固化时间及是否加热料件	Y
					002	能根据涂料特点选择稀释剂和清洗剂	Y
					003	能进行高压无气喷涂	Y
		砖板衬里防腐蚀作业			001	能判断胶泥的稠度和固化速度	Y
					002	能对凸形底、锥形底、顶盖等进行衬砌施工	X
		橡胶衬里防腐蚀作业			001	能对DN65 mm(DN100 mm)以上直管(管件)贴衬	Y
					002	能对进行本体带压硫化、橡胶衬里缺陷修复	X
		塑料防腐蚀作业			001	能对等较复杂形状进行下料	Y
					002	能根据不同材质结构完成绕制、烧结、组装焊接等加工	Y
					003	能进行塑料换热器列管胀接	X
					004	能消除滚塑成型制品缺陷	Y
		纤维增强树脂防腐蚀			001	溶液配制	X
					002	能对各种形状的基体表面进行下料	Y
					003	能用间歇法在基体表面进行手工辅衬	X
		化学清洗防腐蚀作业			001	能够根据化学清洗流程操作清洗设备	Y
					002	能进行分析采样、pH试纸检测	Y

续上表

职业功能	鉴定项目				鉴定要素		
	项目代码	名　称	鉴定比重(%)	选考方式	要素代码	名　称	重要程度
防腐蚀作业	E	化学清洗防腐蚀作业	60	至少选8项	003	能判断清洗过程中是否需要继续加药剂及加药剂剂量,判断清洗时间	Y
		电化学保护作业			001	能操作电源设备调节电极保护参数	Y
					002	能测量参数,判断保护参数的异常现象	Y
检查与分析	F	防腐蚀层检测与缺陷分析	10	必选	001	能检测膜层、溶液相关参数	X
					002	能检测涂层表面缺陷对成品或半成品进行表观尺寸检查	X
					003	能填写各工序施工记录和质量检查记录	X
					004	能检测电极、自然腐蚀电位和保护电位等	X
设备维护保养		设备维护与保养	10	必选	001	能对清洗设备进行试压、试漏	X
					002	设备日常点检	Y
					003	设备润滑	X
					004	设备保养	X
					005	识别报警排除一般故障	X
					006	执行现场 5S 管理	X

中国中车
CRRC

防腐蚀工(中级工)
技能操作考核样题与分析

职 业 名 称：_____

考 核 等 级：_____

存 档 编 号：_____

考核站名称：_____

鉴定责任人：_____

命题责任人：_____

主管负责人：_____

中国中车股份有限公司劳动工资部制

职业技能鉴定技能操作考核制件图示或内容

1. 料件喷漆前氧化处理。
2. 底涂喷涂。
3. 绿色保护。
4. 厚浆漆喷涂。
5. 设备维护。

职业名称	防腐蚀工
考核等级	中级工
试题名称	380 裙板防腐涂装
材质等信息:钢板 6-S355J2	

职业技能鉴定技能操作考核准备单

职业名称	防腐蚀工
考核等级	中级工
试题名称	380 裙板防腐涂装

一、材料准备

1. 材料名称:氧化药品、油漆、3M 胶带、防静电擦布、砂纸、壁纸刀等。
2. 劳动保护用品穿戴整齐。
3. 料件图片。

二、设备、工、量、卡具准备清单

序号	名　　称	规　　格	数　量	备　　注
1	氧化流水线		1	
2	喷漆流水线		1	
3	喷漆挂钩		1	
4	空气喷枪		1	
5	高压无气喷涂枪		1	
6	漆膜测厚仪		1	
7	漆膜划格器		1	
8	电子称		1	
9	涂-4 黏度杯		1	
10	温湿度计		1	

三、考场准备

1. 确认所需设备均状态正常,可以正常使用。
2. 喷漆室运行正常,通风良好。
3. 环境条件:

温度:允许的最低(环境)温度＞15℃,推荐的最低(环境)温度 18℃,底材的最低温度 18℃,涂料的最低温度 18℃。最高温度＜30°。

空气相对湿度:小于 80%。

照度:不小于 300 Lux。

四、考核内容及要求

1. 考核内容:在规定的时限内完成指定料件的防腐前处理及涂装工作。
(1)喷漆前处理检查:对料件检查是否合格,对不合格料件进行喷涂不得分。
(2)对料件进行保护:根据图纸要求对料件进行保护,尺寸正确,界限分明。
(3)防腐蚀底漆喷涂:喷涂前对工件进行打磨。涂层单层厚度 40～60 μm,不得有流坠、橘皮等缺陷。

(4)工具设备的使用与维护:注意料件的保护、现场卫生、安全,劳保用品的穿戴。

2. 考核时限:45 分钟。

3. 考核评分(表)

工　种	防腐蚀工	简图:			
试题名称	380 裙板防腐涂装				
加工方法	涂装				
选用材料	钢板 6-S355J2				
开考时间					
结束时间					

序号	项目	配分	评定标准	实测结果	扣分	得分
1	喷漆前处理	15	喷漆前磷化处理。先清洁后磷化,要求磷化膜均匀,表面无油脂。每出现一处不符合扣 3 分			
2	检查	10	检查料件氧化膜是否合格,对合格料件进行去除毛刺,对不合格料件进行喷涂不得分			
3	对裙板进行喷涂底漆	20	表面喷涂底漆,60～80℃条件下烘干,需干燥 1～3 h(不包括升温时间)漆膜干膜厚度在 60～80 μm。出现流坠扣 10 分,每少 10 μm 扣 10 分			
4	底涂保护	20	按照图纸要求,用胶带、锁孔防护堵等对裙板边缘及锁孔部位进行保护,注意将防护堵与锁孔紧密贴合,保护线笔直。每错 1 处扣 5 分。塑料保护堵不清洁,扣 3 分			
5	厚浆漆喷涂	25	喷涂前对工件进行打磨。涂层单层厚度 100～220 μm,不得有流坠、橘皮等缺陷,每出现一处不符合项扣 3 分			
6	工具设备的使用与维护	10	注意料件的保护、现场卫生、安全,劳保用品的穿戴,每缺一项扣 2 分			
7	考核时限	不限	每超时 10 分钟,扣 5 分			
8	工艺纪律	不限	依据企业有关工艺纪律管理规定执行,每违反一次扣 10 分			
9	劳动保护	不限	依据企业有关劳动保护管理规定执行,每违反一次扣 10 分			
10	文明生产	不限	依据企业有关文明生产管理规定执行,每违反一次扣 10 分			
11	安全生产	不限	依据企业有关安全生产管理规定执行,每违反一次扣 10 分,有重大安全事故,取消成绩			

合计分数		是否合格		
制造方法部		质量保证部	基层单位	
培训中心		主考人		

职业技能鉴定技能考核制件(内容)分析

职业名称	防腐蚀工
考核等级	中级工
试题名称	380 裙板防腐涂装
职业标准依据	国家职业标准

试题中鉴定项目及鉴定要素的分析与确定

分析事项＼鉴定项目分类	基本技能"D"	专业技能"E"	相关技能"F"	合计	数量与占比说明
鉴定项目总数	5	11	2	18	核心职业活动占比大于 2/3
选取的鉴定项目数量	3	8	2	13	
选取的鉴定项目数量占比(%)	60	72.7	100	72.2	
对应选取鉴定项目所包含的鉴定要素总数	14	22	10	46	鉴定要素数量占比大于60%
选取的鉴定要素数量	9	16	6	31	
选取的鉴定要素数量占比(%)	64.3	72.7	60	67.4	

所选取鉴定项目及相应鉴定要素分解与说明

鉴定项目类别	鉴定项目名称	国家职业标准规定比重(%)	《框架》中鉴定要素名称	本命题中具体鉴定要素分解	配分	评分标准	考核难点说明
"D"	工艺准备	20	读图与绘图	一般符号的识别	2	识图	
				简单防腐蚀流程图识别绘制	2	识图	
				掌握防腐蚀设备图	2	熟练操作设备	
				看懂电控箱图	2	能够操作电控设备	
			能制定防腐蚀的加工工艺	化工材料用料估算	2	无浪费	
				基本料件防腐蚀方法选择	2	能够选择合理操作方式	
				制定防腐蚀工艺流程	2	能够对简单防腐蚀料件自行操作	
				制定防腐蚀施工方案	3	能够选取较合理防腐蚀方案施工	
			合理选择适用工具	普通油漆喷枪的用途	3	可使用空气喷枪及高压喷枪	
"E"	防腐蚀操作	60	合理选择适用设备	掌握其他防腐蚀设备种类与用途,并能安装小型设备	4	熟练启动、关闭设备,喷枪连接正确	
			普通防腐蚀设备的维护保养	掌握普通喷漆室的常规保养	4	保养设备	
			工件定位与夹紧	基本工件的正确定位与夹紧	4	挂件工装使用正确	
				通用夹具的种类、结构与使用	4	夹具使用正确	

鉴定项目类别	鉴定项目名称	国家职业标准规定比重(%)	《框架》中鉴定要素名称	本命题中具体鉴定要素分解	配分	评分标准	考核难点说明
"E"	防腐蚀操作	60	基本表面处理	能按工作顺序连接防腐蚀装置	5	喷砂操作正确	
				能进行防腐蚀处理,判定防腐蚀等级	4	喷砂粗糙度符合工艺要求	
				能进行底涂料、黏结剂的调配	4	清洁剂使用正确	
			涂层防腐蚀作业	能根据环境温湿度判断配制涂料固化时间及是否加热料件	4	根据环境定量配制涂料	
				能根据涂料特点选择稀释剂和清洗剂	5	稀释剂添加正确	
				能进行高压无气喷涂	5	漆膜无流坠等,符合要求	
			塑料防腐蚀作业	能对等较复杂形状进行下料	4	可自制保护堵	
			化学清洗防腐蚀作业	能够根据化学清洗流程操作清洗设备	2	正确操作清洗设备	
				能进行分析采样、pH试纸检测	3	会检测废液 pH 值	
				能判断清洗过程中是否需要继续加药剂及加药剂剂量,判断清洗时间	3	料件清洗洁净,无残留	
			电化学保护作业	能操作电源设备调节电极保护参数	3	氧化膜均匀	
				能测量参数,判断保护参数的异常现象	2	氧化过程出现异常及时调整参数	
"F"	检查与分析	20	防腐蚀层检测与缺陷分析	能检测涂层表面缺陷对成品或半成品进行表观尺寸检查	4	会判断产品是否合格	
				能填写各工序施工记录和质量检查记录	4	记录正确	
	设备的维护保养		设备维护与保养	设备日常点检	3	认真记录	
				设备润滑	3	能够为设备润滑	
				识别报警排除简单故障	3	能够处理一般故障	
				执行现场5S管理	3	工作前后认真执行5S	

鉴定项目类别	鉴定项目名称	国家职业标准规定比重(%)	《框架》中鉴定要素名称	本命题中具体鉴定要素分解	配分	评分标准	考核难点说明
质量、安全、工艺纪律、文明生产等综合考核项目				考核时限	不限	每超时 10 分钟,扣 5 分	
				工艺纪律	不限	依据企业有关工艺纪律管理规定执行,每违反一次扣 10 分	
				劳动保护	不限	依据企业有关劳动保护管理规定执行,每违反一次扣 10 分	
				文明生产	不限	依据企业有关文明生产管理规定执行,每违反一次扣 10 分	
				安全生产	不限	依据企业有关安全生产管理规定执行,每违反一次扣 10 分,有重大安全事故,取消成绩	